大岡弘武のワインづくり

自然派ワインと風土と農業と

X-Knowledge

JN081447

はじめに

「自然派ワイン」ってなんだろう？

自然派ワイン（ヴァン・ナチュール）を定義するのは簡単なようで難しいことです。どこからが自然派で、どこからがそうでないのか、線を引くのは常に微妙な問題となります。生産者自身は自分のワインをつくっているだけで、「自然派ワインをつくるぞ」と思ってはいないはずです。ジャーナリスト、インポーター、酒販店など生産の外にいる人たちが、それぞれにジャンル分けをしているのも、自然派ワインを複雑に見せている要因のひとつでしょう。

いろいろな意見があるでしょうが、私が思っている自然派ワインの定義は以下のものです。

「葡萄《ぶどう》を有機栽培もしくはそれ以上自然に栽培し、ワインづくりのときは葡萄以外のものを一切入れず、フィルター*1をかけず、火入れ*2などの滅菌処理を行っていないワイン」

以上。

「なんだ、それだけ?」と思われるかもしれないですね。しかし、現在このような条件に当てはまるワインは全世界の生産量全体の〇・〇〇一パーセントにも満たないでしょう。どうしてそんなに少ないかを理解するには、まず一般的なワインのつくり方を知る必要があります。ざっくりとフランスのワイン業界の近代史をたどってみますが、ワインに限らずほかの業界でも似たようなことが起きていたはずなので、みなさんにはなじみがある流れだと思います。

化学肥料と農薬が変えたワインづくりの歴史

十九世紀中ごろ、化学肥料が誕生しました。肥料の三大要素(窒素、リン酸、カリウム)という言葉を耳にしたことがあるかもしれません。これらを入れると植物が大きく育ち、多くの収穫があるという農家には夢のようなものでした。しかしながら欠点もありました。植物は育つことにエネルギーを使うと、病気にかかりやすくなるのです。大きくなるということは成長が続く、つまり成長点が存在し続けるということです。成長点、つまり若葉はできあがったばかりの組織ですから、防御システムも弱いわけです。人間でも大人より子どものほうが病気にかかりやすいのと同じだと思ってくだ

*1 **フィルター** ワインを濾過する工程、またそれに使う紙や布などで構成される道具のこと。瓶詰め前に、不要な微生物や固形物などを取り除く目的で行われる。
*2 **火入れ** ワイン中の微生物を死滅させる目的で行う滅菌処理のひとつ。現在は、フラッシュ・パストリゼーションと呼ばれる、瞬間的に摂氏七十度で加熱する方法が多い。ワインの香りが飛ぶとされているので、自然派のつくり手で行う人はほぼいない。

さい。

病気にやられてしまったら収穫量は減ります。そこで、今度は病気から守ろうと「薬」を考えました。農薬です。こちらも科学の発達によって新しい農薬が次々に生まれてきました。農薬には、発売当初は許可が出ていたものの、現在は使用禁止になったものもあります。そしてそれらをかけて、大量の未熟の葡萄が採れるようになりました。

「病気から守ったのに未熟とは？」と思われたかもしれません。一本の木に葡萄がたくさんできると、一つひとつは完熟しづらいのです。葡萄が熟していくのに必要なエネルギーは光合成によって得られます。光合成を行うには葉が必要です。たくさんの葡萄を熟させるにはたくさんの葉が必要になりますが、葡萄を垣根仕立て[*3]にする場合、ある一定の高さになったら、枝を切ってしまいます。トラクターや人を通すためです。人が通れなければ作業もできませんし、農薬の散布もできませんから。つまり、葡萄畑が得られる最大の葉の面積というのはあらかじめ決まっているわけです。言い換えれば、天から貰えるエネルギー量は決まっているということです。それを葡萄の数で分配するわけですから、葡萄の数が多くなれば一房当たりのエネルギーが少なくなり、熟しません。

そして一九四〇年代に除草剤が発明されました。それまでは草をなくすには物理的に除去するしかなかったので、雑草が生えていない畑は働き者の象徴でした。ある世

＊3 垣根仕立て 樹形を垣根のような形に整えた、葡萄の木の仕立て方のこと。ワイン用葡萄は垣根式とするのが一般的。詳細は一二七、一二八頁参照。

左頁・二〇一七年に植えた小公子が実った二〇一九年秋。小公子はヤマブドウの交配種。酸が高く、皮の色が濃くて実が小さいので、偉大なワインになる可能性を秘めている。

代から上の方々は、いまもこの考えに支配されています。それまでは苦労して畑を耕し、除草していたのですが、薬を土にまくだけでその作業は必要なくなり、作業効率が一段と上がりました。ただ年数が経つにつれ、副作用もわかってきましたが。これは化学肥料についても同様です。

化学肥料と除草剤を使ったことで、大量の未熟の葡萄が醸造場に届くことになりました。この葡萄からおいしいワインをつくっていかなくてはなりません。そこで醸造学が発展し、ワインに添加物を入れるなど、さまざまな処置が行われるようになりました。

ワインづくりに失敗すると、お酢ができます。ワインヴィネガーです。お酢をつくらないようにする工夫が醸造学を発展させたといってもよいかもしれません。フランスは歴史あるワイン大国ですから、その工夫は決められたルールの範囲内で行われますが、ワインづくりは近代化され、大量に安定したワインをつくることができるようになりました。それによって救われた農民も多いことでしょう。ですので、それを非難するつもりはありません。

しかし、化学肥料と除草剤を使い続けているうちに、さまざまな問題が起きてきました。極端な例では、葡萄が栽培できなくなる畑が出てきました。その原因はさまざまです。化学肥料による土壌の酸性化、除草剤や農薬による土壌汚染、トラクターによる土の踏み固めや雑草がないことによる表土の流出などなど。簡単にいうと、土が死んだり無くなったりしているわけです。

そんな状況に警鐘を鳴らす人たちが現れたのは、自然ななりゆきでした。効率を求めるのではなく、昔のような土を取り戻そうと有機栽培を始める人が現れ、昔のようにより自然なワインづくりをしたいという人たちによって自然派ワインができあがってきたのです。

ただし、このワインづくりには経済的なリスクが伴います。そのため、全ワイン生産量の〇・〇〇一パーセントに満たないワインしか、つくる人がいないのです。

この本はそんな自然派ワインの中でも「エクストリーム」といわれる原理主義者が書いているものです。ただ、本人はいたって普通にワインづくりをしているだけだと思っていますけれど。

もくじ

1 日本で自然派ワインをつくるということ

2 栽培醸造家という仕事

――ワインのための葡萄を育てる

3 自然派ワインができるまで

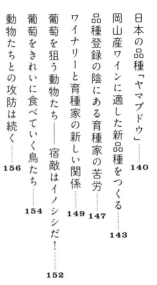

デザイン　三木俊一（文京図案室）
装画・挿絵　中島梨絵
写真　石井宏明（五、二十八、三〇、七十八、八十一、九〇、九十二、九十七、一〇一、一〇六－一〇七、一一二、一一三－一二三、一三四、一三七、一四二、一五五、一六九、一七〇、一七二、一七四、一八二、一八三、一八九、一九三、一九四、一九五、一九八、二〇一、二〇六、二一七、二二一、二二二頁）、林慎悟（一四九頁）、難波謙之（八十九頁）、
そのほかすべて著者提供
編集協力　石塚晶子
印刷・製本　図書印刷

1

日本で自然派ワインをつくるということ

ワインに目覚めたころ

この本は、私たち家族がフランスから日本に帰国するところから始まります。私はフランスで二十年間ワインをつくっていたので、その間のできことを書き始めるとそれだけで一冊の本になってしまいます。それはそれでとてもおもしろい話がたくさんあるのですが、今回の目的ではないので、簡単に帰国するまでの経歴をざっとお伝えいたします。

私は一九七四年東京の生まれです。家のすぐ近くにはとてもとても大きな公園があり、子どものころはそこにカブトムシを採りにいったり、秘密基地をつくったりと、東京といっても自然が多くある環境で育ちました。私は四人兄弟の末っ子でして、姉たちがどのように進学していったのかを見ていたので、これといった目標はなかったのですが、末っ子の要領のよさを生かして大学へと進学していきました。

大学二年の夏休みに、ワークキャンプというものに参加しました。世界中の若者が集まって奉仕活動をし、労働の代わりに滞在費は出してもらえるというシステムです。大岡家はイタリアが好きだったのでイタリアの候補先を探したのですが、あいにく自分の希望の日程に合うものがなく、フランス南部、ピレネー山脈の山奥でのキャンプに参加しました。トーマス・クックの時刻表を片手に、一日に一本しかない電車に乗って、無人駅にたどり着きました。そこから車で三十分ほどさらに山奥に入った牧場がキャンプ地でした。ヨーロッパ国籍の人が多くて、総勢二十人ほどのグループです。馬の世話をしながら、空いた時間に登山をして、所要時間を計測しながら登山マップをつくる仕事でした。仕事がない週末は、山に登って国境を越えてスペインに行くなど、とても楽しい時間でした。

近くのとても小さい町に酒屋が一軒ありました。父はワインが好きだったので、お土産にワインを一本買って帰ろうと思いました。酒屋の亭主にそのことを告げると、地下に続く階段を下りていき、しばらくしてから、大事そうにワインを一本持って上がってきました。そのようすは、大事な赤ちゃんでも抱えるようで、ワインがとても大切にされているのだとわかりました。それを日本に持ち帰って家族と飲んだら、とてもおいしくて、一気にワインに興味を持ちました。

醸造学を志してフランスへ

それからというもの、ワイン関係の雑誌にはほとんど目を通し、試飲会があれば参加して、大学の図書館ではワインと醸造用の葡萄《ぶどう》栽培に関する論文を集めて読み続けていました。やがて「もっとワインについて勉強したい」と思い、学べるところを探しました。ワインをいちばん知っているのはワインをつくっている人だろうと考えて、醸造の勉強を志しました。大学の専攻が化学だったので、それほど遠くない分野でした。しかし、当時の日本ではワインに特化して学べるところはありませんでした。ですから、目を海外に向けました。

当時、私は英語は話せたのですが、フランス語は第二外国語で習った程度で話せませんでした。ワイン醸造学で有名なのはアメリカのカリフォルニア大学デイビス校か、フランスのボルドー大学醸造学部でした。語学のことを考えればアメリカに渡ったほうが簡単でしたが、アメリカ人もフランス人から学んだのだからと考え、無理をしてでもボルドーに行くことに決めました。この選択は間違っていなかったと思います。

アメリカのワインは、「こういうワインをつくりたい」というひとつの目標に向かって動いているので、それに対する研究の速さや深さがあります。他方、フランスにはすでに偉大なワインの多様なスタイルが存在しているので、ベクトルがいろんな方向に向いています。ここが当時の大きな違いだったのではないでしょうか。近年はアメリカのワインも少しずつ多様化しているとは思いますが。
そして日本の大学卒業のちょっと前の一九九七年二月にボルドーに渡り、半年間の語学研修を受けた後に、ボルドー大学醸造学部DNO[*1]に入学しました。フランスの学校は九月からスタートしますが、九月は葡萄の収穫時期でもあります。そのため学校が正式にスタートしたのは十月末で、その前に九月から研修が始まりました。私の最初の研修先は、貴腐ワインで有名なソーテルヌのシャトーでした。ここでもたくさんのエピソードがありますが、この調子で書いていくといつまで経っても岡山にたどり着けないので、どんどんスピードを上げていきます。

その後、私はボルドー大を中退して、BTS Viti-Oeno（ベーテーエス ヴィティ・エノ葡萄栽培と醸造の上級技術者）という資格を取得するため、二年間の授業を受けました。一か月のうち二週間は学校で授業を受け、二週間は研修に行くという実践的なコースです。ボルドー大ではソーテルヌとサン・テミリオンで、BTSではアントル・ドゥ・メールで、ボルドーの中で計三シーズンの収穫・醸造をしたので、四シーズン目には北ローヌに行くことにしました。自然派ワインのつくり手であるティエリー・アルマン（Thierry ALLEMAND）のもとで勉強をしたかったのです。

ティエリーのところでは最初は研修を断られたので、ドメーヌ・ジャン＝ルイ・グリッパ（Domaine J-L GRIPPAT）というエルミタージュ[*2]のつくり手のところで研修を受けました。そして、平日の自分の仕事が終わってからと、週末にティエリーのところに

＊1 DNO Diplôme National d'Œnologue（ディプロム・ナシオナル・デノローグ）。フランスにおけるワイン醸造技術者の国家資格。

＊2 エルミタージュ ローヌ川左岸沿い、コート・デュ・ローヌ地方のAOP（保護原産地呼称）。赤ワインに使われる葡萄の品種・シラーの銘醸地としても知られる。この赤ワインには、白葡萄を入れてよいことになっている。

行って自発的に仕事を手伝っていくうちに、認められて研修ができるようになりました。

ティエリーのところで研修を受けているときに、ローヌ地方最大手のワイン・メーカー、ギガル社（Guigal）の社長から電話がありました。私が以前研修に行っていたドメーヌ・ジャン＝ルイ・グリッパを購入したので、そこの栽培長をしてほしいとの依頼でした。どうもグリッパさんが私を推薦してくれたようです。私はティエリーのところで働きたかったので、学校を卒業したら雇ってくれないかとティエリーに頼んだのですが、いまはまだ難しいとのことでした。それで、ギガル社の依頼を受けさせてもらいました。まだ卒業前だったのに不思議ですよね。このとき、私のフランス滞在許可証は学生ビザから労働ビザに切り替わりました。フランスは社会保障制度が充実しているのですが、雇う側からすると社会保障費がとても高いうえ、解雇することが非常に難しいので、なかなか人を雇うことをしません。そのため失業率も高いのです。まず自国の人を優先して雇用しますから、私みたいな日本人を、しかも栽培長として雇うなど前代未聞のことだったと思います。

栽培長の日々

学校を卒業後、正式に栽培長として働き始めました。部下が五人いて、葡萄畑で二十年以上も働いているような人たちに、学校を出たての日本人が上司として仕事を指

右・師匠のティエリー・アルマンと二十五歳のころの大岡。ティエリーの後ろには垂直式プレス機（九十三頁参照）が見える。同じ型のプレス機を、現在までずっと使っている。
左・コルナスの畑の開墾のようす。急斜面に重機を乗り入れ、木の根を掘り起こす。

揮しなくてはいけないのです。そのうち一人はグリッパさんの娘さんだったので、以前の上司が部下になりました。

剪定《せんてい》作業など、実際の仕事は部下のほうが断トツに早いので情けない栽培長でしたが、早い時間から遅い時間までとにかく頑張って、一年後には同じスピード、二年後にはそれよりも早く作業ができるようになりました。私の仕事は畑での実作業もしますが、それよりも作業を組み立てることがメインでした。全部で十五ヘクタール、しかも畑がいろいろなところに点在しているので、スケジューリングはとても重要です。葡萄の芽が出てきてシーズンが始まると、十人以上の季節労働者も加わるので、葡萄の作業、除草作業、農薬の散布など、どこの区画で何の作業を何人でするかを考えるのが私のメインの仕事でした。

また話が長くなってしまいました。とにかく、こうしてギガル社で二年間働いてから、ティエリーのところに空きができたので、栽培長としてティエリーのところに転職しました。ティエリーはちょうど自分の新しい醸造場を建築したばかりでした。その前の広々とした土地が売りに出されていて、買ったらどうかとティエリーに勧められました。「南向きのよい斜面で、葡萄を栽培するには適している」と。コルナス[*3]の葡萄畑はとても高くて購入できませんが、何も植わっていない山は値段がほとんどついていませんでした。とはいえ私は社会人になってまだ二年目で、そんなお金はまったくなかったので、両親に頼んでその土地を購入しました。このとき初めて、自分

＊3 コルナス ローヌ川右岸のワイン生産地。シラーのみで赤ワインをつくることが決められている。ケルト語で「焼けた大地」を意味し、急斜面に畑があるのが特徴。

でワインをつくるという道がスタートしたのです。栽培長や醸造長など雇われて働くことばかりを考えていましたが、自分でワインをつくるなんてことは考えていませんでした。そのときは日本人が畑を買うという先例もまったくなかったですし、そんなことができるなんて思ってもいませんでした。

そして醸造家になる

土地を購入したのはいいのですが、フランスでは自分の土地とはいえ勝手に葡萄を植えることはできません。葡萄の栽培権というものが必要です。フランスはワイン生産大国ですが、ワインの生産量が消費量に比べ多すぎるので減反政策をとっています。一九六〇年代には国民一人当たり年間約二百五十リットル以上も飲んでいましたが、現代では約六十リットルに減ってしまいましたので、当然ともいえます。日本はワインの消費が増えたといっても一人当たり年間約三リットルですから、まだ二十倍の差はありますけど。

葡萄の栽培権を手に入れるには、ワインの生産者にならなくてはいけません。鶏が先か、卵が先か、みたいな話です。既存の葡萄畑を借りるのがいちばん早いと思って、コルナスから少し南へ車を走らせたら、ある農家がワインの量り売りの直売をしていました。大樽から直接くんでくれるのですが、飲んでみたらおいしいのです。昔ながらのつくりをしていて、亜硫酸も入っていませんでした。仲良くなっていろいろ話したら、「自分の畑の一部を借りたらいい」と、協力してくれました。そして会社を立ち上げ、農地を登録して、やっと生産者としてスタートが切れました。

スタートが切れたといってもお金がかかるばかりで収入はありませんから、ティエリーのところで働きながら週末に自分の畑の仕事をして、少しずつ畑の面積を増やしていき、器具もそろえていきました。最初の年はティエリーの醸造場の一部を貸してもらって醸造し、翌年から小さい倉庫を借りて、そこで醸造しました。ティエリーの助けがなかったら私は何もできていませんでした。ですから、ティエリーにはとても感謝していますし、この気持ちが、岡山で新しくワインづくりを始める人たちをサポートする原動力になっている気がしています。

自分の畑はまだ小さかったので、葡萄を購入できるネゴシアン[*4]という資格もとり、葡萄の生産量を増やしていきました。そして二〇〇六年から自分の仕事だけに専念できるようになり、畑も増やしていき、古民家を購入・改装して家と醸造場をつくり、順調につくり手として成長していきました。ワインも世界中で評価してもらえて、家族も増えて幸せな日々でした。このままフランスに残ってワインをつくり続けていれば、初期投資もほとんど終わっていますし、経済的にも安定した心地よい人生が見えていました。ただ、それとはうらはらに、職業的、家族的な問題も気持ちの中でどんどん大きくなっていくのにも気づいていました。

＊4 ネゴシアン 葡萄生産者から葡萄や葡萄果汁、ワインを買い取り、醸造・販売するワイン生産者・流通業者のこと。

帰国の決意——職業的な理由

なぜ日本に帰ることにしたかについては、よく聞かれます。それには、フランスで仕事をしていたからこそ生まれた理由があります。

フランスに渡ってから二十年近くが経ったころでした。私たちのワインは幸いにも世界各国で好評を得て、つくり始めた当初に比べて自然派ワインが確実に浸透していっていることをとてもうれしく思っていました。

フランスという恵まれた土地でワインをつくっている私は、ここではおいしいワインができて当然だと、常に思っていました。葡萄栽培に適した気候、その土地に合った葡萄品種、その葡萄を生かす醸造法が、何千年にわたって研究され続けているからです。日本では雨が多く湿度が高いうえ、梅雨と台風があるので、日本の葡萄農家の方はさぞかしご苦労をなさっているのだろうと思っていました。

私にはフランスで楽をしていて申し訳ないと思う気持ちが常にありました。自分で畑を開墾し、自分で植えた葡萄でつくった「Cornas《コルナス》」が二〇一五年には五回目の収穫を迎えました。瓶詰めし終わったワインも、樽で熟成中のワインも満足のいくものができました。十数年前にコルナスに土地を購入したことから始まった私のワインづくりは、当初の目的である「Cornas」をつくるという目標にやっと到達できました。

フランスで見えたワインづくりの限界

その一方で、フランスでの限界も感じていました。亜硫酸など一切の添加物を加えないワインは、たまにある失敗を除いて、ほぼつくれるようになりました。そうなると次の目標は、葡萄畑に一切の農薬をまかないようにすることです。それを目指すにあたり、コルナスの土地は最適でした。とても長い間耕作放棄されていたため、土地は本来のバランスに戻っています。周囲にほかの人の畑もありません。南東向きの風通しのよい急斜面。年間降水量は四百三十ミリほどで、そのほとんどが冬に降ります。品種は比較的病気に強いシラーです。

植え付けから一切農薬をまかないで育て、四年目に初収穫。たくさんの健全な葡萄が収穫できました。雨の少ない年で、よいヴィンテージでした。ところが翌年は打って変わって雨続き。べと病[*5]がほとんどない北ローヌでも珍しくべと病が発生し、三分

*5 **べと病** 糸状菌というかびの一種が葉、花、果実などに付着し、白色のかびを発生させる。発生した場合は、切って取り除くしかない。雨が原因となる。

の一の収穫量になりました。それでも三分の一は採れたのでまずまずです。さらに翌年、寒くて雨が多い年で、ブラック・ロット[*6]という病気が蔓延。収穫はほとんどありませんでした。

この経験から、気候のよい年であれば農薬をまかなくても栽培可能だけれど、雨が続くと厳しいという、当たり前の結果が得られました。その次の年は、もうこれ以上、完全無農薬は経済的に続けられないので、植物の発酵エキスに少量の硫黄と銅を加えて、葡萄を守りました。自然農薬[*7]を定期的に散布すれば、雨の多い年以外は病気を防ぐことができるでしょう。でもコルナスの急斜面では、頻繁に農薬散布することは物理的にできません。重さが三十キロほどになる散布機を背負って急斜面を歩き回るのはかなりハードな作業で、転倒することもたびたびありました。

べと病やブラック・ロットなどの病気は元来フランスにはないもので、二百年ほど前にアメリカから苗木とともに持ち込まれました。フランスの葡萄品種は新しい病気に気づくことができず、自己防御機能が働かないのでやられてしまうのです。新たな病気に気づくようになるには、新たな遺伝子的特性を獲得する必要があります。ところがフランスでは、葡萄は常に挿し木[*8]で増やされてきましたから、常に同じ遺伝子を使っていることになります。ですから、病気に対する耐性はどんなに待ってもつかないのです。

それなら、新たな病気にも強い葡萄品種を植えることが望ましいのですが、フラン

＊6 ブラック・ロット 葡萄の菌類病のひとつ。新芽が黒く変化して腐ったようになる。これも治すことは難しく、取り除くしかない。

＊7 自然農薬 化学合成農薬に対して、自然由来の成分・材料からつくられた農薬のこと。イラクサを煮出して発酵させた液やスギナを煮出した液が使われる。

＊8 挿し木 枝の一部を切り取って土に植え、木を増やしていく方法。

スでは非常に難しいことです。例えばブルゴーニュでつくられている品種はピノ・ノワールですが、すでに確固たる地位を築き、そのブランディングで高価なワインを生み出しています。それを捨てて新たな品種でゼロから始めることができるでしょうか？　また地球温暖化により、各産地は適正品種の変更が必要な状況ですが、まったくその動きが見えないことから見ても、答えは明らかです。ましてや病気の耐性を上げるために、品種を変更することはないでしょう。私にはフランスの限界が見えてしまったのです。

新天地・日本で新たなワインづくりを

そこで、新たな目標に向かってさらにチャレンジしようと決心しました。自分の生まれ育った国、日本で自然派ワインをつくろうと。まだワイン用の葡萄栽培の体系ができあがっていないことはハンデであると同時にアドバンテージです。自由な発想で、二十年間のフランス生活で得た知識と経験を最大限に活用し、日本の自然派ワインの発展に少しでも貢献できるよう努力していきたいと考えました。フランスでもワインはつくり続けるので、フランスと日本を往復することになるのは覚悟のうえでした。

ワインの品質は、テロワール*9と単位面積当たりの収量でほぼ決まります。日本は国土の狭さや人件費の高さの問題があり、いかに狭い土地で高い収量を上げるかを目指す傾向にあります。ですが、高収量の葡萄でワインをつくると、水っぽく薄いワイン

***9 テロワール**　その場所（大きくは地方、小さくは畑の区画）の土壌と気候を表す言葉。気候（クリマ）とは、メゾクリマ、ミクロクリマなどの狭い範囲のものを含む。フランス語ではterroir。

になります。またヨーロッパの品種を高温多湿の日本で植えても、病気に弱いので農薬をたくさんまく必要があります。さらに、日本のような肥沃な土壌では葡萄がたくさんできるので、完熟した葡萄をつくるのが難しいのです。世界に通用する品質のワインを目指すならば、ヨーロッパ以上に収量を落とすことが必要となるでしょう。そうするとワインのできる量は減るので、値段を上げる必要があります。それでは経営として成り立ちにくいでしょう。

つまり、世界に通用する日本ワインには、日本の気候に合った日本独自の品種を使うことが必要です。ほかにない個性を持つことがワインの価値につながります。しかも固有品種は病気耐性に優れています。幸いにも、日本にはヤマブドウという土着の品種があります。実が小さく、糖が高く、しかも酸も高く、タンニンが豊富です。すべてグラン・ヴァン[*10]に必要な要素です。そして、亜硫酸無添加のワインをつくるのにも適している要素です。ヤマブドウは雌雄異株《しゆういしゅ》[*11]で受粉が必要なため、安定した栽培は難しいですが、その交配種、つまり雌雄同株《しゆうどうしゅ》のものを使えばその問題もクリアできます。そして、すでに日本にはヤマブドウの交配種が存在しているのです。これらの品種の改良に尽力くださった方々に深くお礼を申し上げたいと思います（葡萄の品種改良については一四三頁参照）。

＊10 **グラン・ヴァン** フランス語で「偉大なワイン」（grand vin）の意。

＊11 **雌雄異株** 雄花・雌花が別々の個体（株）につく種子植物のこと。これに対して、雄花・雌花が同一の個体につく種子植物を「雌雄同株」という。

岡山でワインをつくることにした

私が移住先に決めた岡山県は、瀬戸内式気候で晴天が多いうえ、夏は雨が少なく葡萄栽培に適しています。高級食用葡萄が有名なためワイン産地にはなっていませんが、新たな品種の一大産地になれる可能性を秘めています。

土壌もコルナスと同じ花崗岩《かこうがん》土壌です。花崗岩が風化した砂の土壌は、水はけがとてもよく、粘土がほとんどないため栄養分は少ないですが、その分、濃くて高品質な葡萄が少量できます。岡山県の北西には、ピノ・ノワールなどに適した石灰岩質の土壌もあります。

また岡山には、百三十年に及ぶマスカット・オブ・アレキサンドリア栽培の歴史があります。現在のマスカットは食用として選抜してきたため、大粒のものが残っていますが、それを醸造に適した本来の大きさに戻す選抜も友人が始めてくれています。

さらに、岡山には使われていないハウスがたくさんあります。それを壊して廃棄するよりも、雨をよけることができるという利点を生かして、雨に弱いヨーロッパ品種を植えることができます。これによって農薬散布の問題や雨量の問題も解決されます。

そして岡山には、絶滅危惧種に指定されている白神葡萄《しらがぶどう》（*Vitis shiragai Makino*）という独自の品種があります。数年前に自生地に行って、その葡萄を食べることができました。食べたときはまだ完熟していなかったのでピーマンの香りがしましたが、味わ

右頁・朝露をまとった完熟した小公子。葡萄が熟しているかどうかは、果梗（かこう）が茶色がかってくることでもわかる。

いは甘さも酸味も凝縮感があり、ワイン用品種としてのポテンシャルを感じました。この栽培に成功できれば、それこそ世界にここしかないという個性を得ることができます。これはかなり難しいと思うので、あくまでも夢ですが。

このようにいろいろな可能性を秘めている岡山から、日本ワインの多様性に少しでも寄与できるように頑張っていきたいと考え、日本に帰国することにしたのです。

上・なだらかな丘陵の向こう側が、拠点としている富吉（とみよし）地区。手前には岡山空港が見える。

帰国の決意――家族の理由

私が帰国したのにはもうひとつ理由がありました。フランスに暮らして十年が経ったころに、老後は日本で暮らそうと思ったできごとがあったのです。長女が生まれたときのことでした。

私たち夫婦にとって出産は初めてのことですし、それも海外ですから、不安を抱えながら出産予定日を待っていました。日本から妻の両親が手伝いに来てくれましたが、予定日を迎えてもまだ出産の兆候はありませんでした。初産が予定日より遅れるのはよくあることらしいのですが、両親の帰国日があらかじめ決まっていたので、なんとか滞在中に出産してほしいという気持ちもありました。動いたほうが早く生まれると聞いて、妻は大きなお腹を抱えながら、葡萄畑で仕事をしていました。

予定日を過ぎたある夜、陣痛が始まりました。あらかじめ病院に行くためのセットは用意していたので準備万端です。陣痛が十分間隔になったのを確かめて、病院に向かいました。妻を緊急搬入口に降ろして、車を近くの場所にとめてから、一緒に受付に行きました。

するど受付の女性に「あら、出産なんてついてないわねー。病院は今日ストライキなの」と言われました。受付の女性には、すぐ前にいるアジア人の男性（私のことです）の目がテンになっているのがよく見えたことでしょう。フランスでは労働組合が強く、ストが頻繁に行われます。学校の先生のストで休校になることもありますし、消防士のストもよく見ます。現金輸送車の運転手のストがあったときはＡＴＭから現金がなくなり、困りました。

でも、まさか病院がストを起こすなんて。必要最小限の人たちは人命を守るために働いていますが、病院の中はガランとしています。産婦人科に行って手続きを済ませ、妻は病室で横になって先生が来るのを待ちました。陣痛の痛みに耐えながら。

フランスでは無痛分娩が主流になっています。出産の一か月ほど前に麻酔の先生と打ち合わせをして、万全の体制をしいたつもりでした。話はちょっとそれますが、フランスは子育て支援がしっかりしており、出産はもちろんのこと、妊娠中の診療もすべて無料です。加えて、夫婦二人で助産師による出産の研修を受けることができます。これは十回ぐらいの授業があり、出産に関するさまざまなことを学びました。夫は出産に立ち合うのが当たり前で、出産のときに励ましたり、妻の頭を支えたりといった仕事もあります。

今夜はストですから、残念ながらこの大きな病院に麻酔の先生は一人しかいません。ほかの手術に比べ、無痛分娩の麻酔は必要性が低いため、後回しにされます。病室には同じように出産を待つフランス人女性がいましたが、長い間放っておかれているようでした。私たちと彼女たち、二組の夫婦しかおらず、一時間に一度くらい助産師が顔を出す、という状況でした。三時間ほど経つと、隣の妊婦さんが生まれそうだと叫び、彼女の夫が慌てて助産師を呼びにいきました。助産師が妊婦さんにすぐにシャワーを浴びて分娩室に来るように指示して、バタバタといなくなってしまい、数分後には夫が戻ってきて、荷物を抱えて出ていきました。隣の妊婦さんは、無痛分娩の注射をすることなく、出産に臨むことになってしまったようでした。

隣の夫婦がいなくなって十五分ぐらいしたら、青ざめた顔の夫がダッシュで部屋に戻ってきて、トイレに駆け込みました。どうも嘔吐しているようです。五分ほどしてから、さらに青い顔をしてトイレから出てきました。どうやら出産シーンを目撃して吐き気を催したようです。出産後、彼に会う機会が何回かありましたが、とても気まずそうでした。

お隣さんがいなくなり、それからさらに長い時間が経ちました。妻は苦痛による幻覚なのか、大波にのまれて難破している夢にうなされていました。そうこうするうちに陽は高く昇り、やがて夕方になったころに助産師が来て痛み止めを打ってくれたおかげで、出産の準備が整いました。分娩室に入り、麻酔の先生が麻酔を打ってくれて、なんとか無事に出産を終えました。子どもが生まれてくるってこんなに大変なことで、こんなにうれしいことなんだと、いまでもその感動を覚えています。妻は分娩室に残り、産後の処置を受けていて、私は生まれたばかりの長女のケアをしました。あまりにうれしくて分娩室の外にいる両親に見せにいったら、後で助産師に怒られました。分娩室から新生児を出してはいけないのを知らなかったのです。これもストによって病院のスタッフが少なくて目が行き届かなかったから起きてしまったことなのでしょう。

すべての処置が終わり、病室に戻ってきたときにはすでに夜の八時を過ぎていました。病室の扉が開いて、看護師が「もうみんな食事を済ませてしまったから、早く食べてね」と食事を運んでくれました。

そのメニューがなんと、ステーキとフライドポテトだったのです！

妻は二十四時間以上、何も食べていません。長時間かかった出産のため体力も使い果たし、もうへとへとでした。そこにステーキなんて食べられるはずがありません。私はすぐに家に帰り、そうめんをゆでて、病院に戻りました。妻は力なく、ほんの少しだけ食べていました。

このときに二人とも、老後は日本に帰りたいと思ったのです。自分が元気なうちはいいのですが、年をとったりして弱って入院したときに、食事がずーっとフレンチなんてとても食べられません。おかゆが食べたいのです。

子どもたちが大きくなって巣立っていき、自分たちが六十歳を過ぎたころに日本に戻ろうか、そんな話をしていました。

フランスでの子育て

うれしいことに三人の子どもを授かり、畑を開墾し、醸造場も家もつくり上げて、ワインづくりも軌道に乗ったころでした。少しずつフランスの教育について疑問を持つようになりました。子どもを持って初めてわかったことですが、子どもが学校に行き始めてから、ＰＴＡなどに関わり合いを持つようになり、初めて本当にフランス社会の一員になったと感じました。夫婦二人のうちは、仕事と気の合う友達だけのコミュニティーの中で動いていましたが、子どもが加わると、地域の一員として社会に組み込まれるのです。これは日本でも同様だと思います。これから述べることは「良い」「悪い」ではなく、「違う」ということを認める話になります。フランスの批判をしているわけではないことをあらかじめわかっていただきたいと思います。

幼稚園に通っている長男が、「ポケモンカードをなくした」と泣きながら帰ってきました。トラブルになるので持っていってはいけないものですが、友達に見せたかったのでしょうね。残念ながらなくなってしまいました。それからしばらく経ったある日、長男が帰ってきたらこんなことを言うのです。友達が僕のカードを持っていたと。「それは僕のだから返してほしい」と伝えると、その子は「落ちていたものを見つけて拾ったので僕のものだ」と返してくれませんでした。そのポケモンカードは日本語で書かれているので、まず長男のものに間違いないのですが、それを証明することはできません。長男には諦めてもらうしか方法はありませんでした。

長女が小学校から呼び出しを受けたことがありました。どんな話なのか心配して学校に行きました。担任の先生の話は、「彼女はとてもよい子でみんなに気を遣い、優しくてすばらしいが、この国で生きていくためには主張することを覚えていかなくてはいけない」というアドバイスでした。他人が間違ったことをしていたら、それを間違っていると論破しないことには自分の権利を守れないからです。

こんなこともありました。妻と長女は村で行われている習い事で、クラシックバレエをしていました。習い事に政府から補助が出ているのか、レッスン料は一年間で二万円ほどと、驚くほど安いのです（これはサッカーやほかのスポーツでもほぼ同額でした）。年に一度バレエの発表会があり、それに向けて発表会場でリハーサルをしているときのことでした。妻が舞台袖に落ちていた一ユーロ硬貨を見つけました。それを手にとって上げて見せ、周りの人に誰か落とした人がいないか尋ねましたが、みんな自分のではないと答えました。妻は「それでは、ここに置いておくね」と、邪魔にならないところに置きました。そうしたら、高校生のダンサーが「本当にそこに置いていいの？」と妻に確認してきました。妻がそうだと答えると、「じゃあ、見つけて拾ったから私のね」と自分のものにしてしまいました。ほかの人たちも特に気にしているようすはありません。

日本の教育では、落とし物を見つけても、自分のものでなければ誰か他人のものであると考え、自分が所有することはありません。ただ、大部分の国々では、所有権がはっきりしないものは、見つけた者の所有になるという考え方をしています。自分のものが他人に所有されそうになったら、自分のものであるという証明をして相手を納得させないといけません。それが世界の常識で、日本が特殊なのです。

私は日本人で、妻も日本人です。子どもたちはフランス生まれですが、外見は普通の日本人です。もし将来、子どもたちが日本で働きたいと思ったときに、中身がフランス人では日本人社会の中では苦労することになるでしょう。

私は日本人特有の相手の気持ちを「察する」という文化が大好きで誇りに思っています。子どもたちに日本人としてそれを学んでほしく、中学校、高校を日本の学校に通わせたいと思うようになりました。行きすぎてしまうと息苦しい状況になることも知っています。その後の道は子どもたちが選べばいいのです。それが選べるような選択肢を子どもたちにあげたかったのです。

フランスでは、家の中では日本語しか使わず、日本のアニメのDVDなどを見せていました。日本の通信教育も受けていましたが、どう頑張っても日本語のレベルは日本にいる子どもたちよりも劣ります。帰国後に日本の教育についていくためには、長女が中学校に入る前に帰国したほうがよいと思いました。

長くなってしまいましたが、これらが、私たちが帰国を決意した理由です。

岡山に移住して、子どもたちは地元の小学校に通い始めました。全校生徒が十数人ですから、授業はほぼマンツーマンで教えてもらえます。おかげで、日本語の遅れも一気に取り戻すことができました。子どもたちもすっかり岡山になじんで、毎日楽しいと元気よく学校に行っています。うれしい限りです。

日本の葡萄栽培の適地はどこだ？

帰国を決意したのはいいが、さて、どこで仕事をしようか？　残念ながら早期引退などできるわけがなく、子ども三人を育てるために働き続けないといけません。フランスは子育ての支援が充実していて学費もかからないので、三人を授かることができましたが、日本ではそうはいかないでしょう。これからの学費などを考えると頭が痛くなりました。

私にできることといったら、ワインをつくることぐらいしかない。では、ワインづくりをどこでしようか？　生まれ育った土地で？　それは無理でした。まったくそう見えないかもしれませんが、私は東京生まれ東京育ちです。当然、東京に畑など持てるわけがない。妻の出身地は兵庫・神戸の東灘区。ここも無理。そこで、葡萄栽培に適した場所に住むことにしました。

では、葡萄栽培にとって大事な条件とは何でしょう？

第一に考えるべきなのは降水量です。少なければ少ないほどいいのです。葡萄はつる植物で、水はほとんど必要ありません。水が多ければどんどん成長し、大きな葡萄をたくさんつけますが、病気に弱く、葡萄が熟すことも難しくなります。ですから、葡萄の生育期間中（春〜秋）にどれほどの雨が降るかが重要です。冬の休眠中に雨が多くてもそれほど問題はありません。

第二に土壌。水はけのいい土壌が最適です。降り注いだ雨が溜まらなければ、葡萄はその水を使えないからです。これは土壌の物理的特徴ですね。化学的な特徴も重要です。よくワイン好きの方に、石灰岩質土壌がいちばんと考えている人がいますが、それは間違いです。ワインの品質には、気候、品種、栽培方法などが複雑に関係しています。ブルゴーニュの品種ピノ・ノワールには石灰岩質土壌がよいでしょうけど、北ローヌの品種シラーには当てはまりません。シラーは花崗岩のほうが向いています。北ローヌにも石灰岩質土壌がありますが、そこのシラーの評価は少し落ちるのです。

第三に気温。これは品種の選定に関わってきます。特に重要なのは一日の寒暖差です。昼間が暖かければ、葡萄は元気に光合成します。そして夜が寒ければ、葡萄の活動を弱めて呼吸によるエネルギー消費を抑えられます。結果としてたくさんの養分が葡萄の実に残るわけです。また気温にも関係してくることですが、風が多い土地は葡

葡萄栽培に重要な条件は、降水量が少ないこと、水はけのいい土壌、一日の寒暖差があること、風が吹くこと。岡山県の瀬戸内海側はそれらの条件がそろった場所で、しかも葡萄の収穫時期に台風が直撃することが少ない。

萄が病気になりづらいです。雨が早く乾くからですね。ただ、あまりにも強い風が吹く場所ですと、葡萄の枝が折れるなどのマイナス要素になりますが。

移住先の候補地

最初の候補地は北海道でした。実は二〇〇五年に仕事で札幌に行ったとき、近辺の季節別降水量などを調べました。老後に日本に帰ってきたら、趣味としてワインをつくりたいなと漠然と思っていて、その可能性を探していたところでした。そのときは、「北海道には梅雨がなく台風も来ないので、葡萄栽培に向いている」と考えていました。葡萄が最も病気に弱い時期は開花[*12]から葡萄の拡大が止まるとき[*13]までです。日本ではだいたい六月上旬から七月下旬というところでしょうか。残念なことに、この時期の日本には梅雨があり、雨が続くので湿度が上がります。葡萄の病気がはびこる条件は、家の中にかびが生える状況と同じです。病気はキノコの仲間によることが多いのですが、どちらにしても同じような環境ですので、梅雨がある日本の気候は葡萄栽培に向いていません。

そして秋には台風が来ます。葡萄の成熟期にも雨は大敵です。晴天が続けば一週間で葡萄の糖度（潜在アルコール度数[*14]）が約一度上がります。しかし、雨が降ると葡萄が水を吸い上げ、糖度が下がってしまうのです。葡萄が完熟に近づけば近づくほど、葡萄の皮は柔らかくなり、少しの力でも傷みやすくなり腐敗が始まっていきます。台風な

＊12 開花　フランス語ではfloraison（フロレゾン）という。

＊13 葡萄の拡大が止まるとき　フランス語ではfermeture de la grappe（フェルメチュール・ドゥ・ラ・グラップ）という。

＊14 潜在アルコール度数　葡萄の糖度の表記方法のひとつ。葡萄が発酵してワインになったときのアルコール度数を指す。

んで最悪です。葡萄の荷重がかかった葡萄棚自体も強風により倒れる可能性がありますし、実も傷つきます。葡萄は水を吸い上げ、実が割れて、そこから腐っていきます。このような理由から、梅雨がなく、台風が来ないという北海道は理想的だと思っていました。当時はまだそれほど注目もされていなくて、可能性も高かったと思います。では、どうして北海道にしなかったか？　それは最近、北海道でも梅雨が始まりつつあることと、台風が来るようになったこと。そしていちばん大きな理由は、老後に雪下ろしなどをする、雪国の生活に耐えられそうにない！　ということです。

この仕事についてから、時間の概念というものをほかの人とはかなり違った感覚でとらえるようになりました。葡萄を植えてから実が採れるまで、四年かかります。最高の葡萄がつき始めるのはさらに四十年以上経ってからでしょう。それからワインを仕込んで樽で熟成などすると、瓶詰めまでにさらに二年。そしてそのワインが飲みごろになるのはその十年先。とても長いスパンで物事を考えるようになりました。樹齢百年の葡萄からつくったワインがいかに貴重かがわかり、これを植えて大事に育ててくれた先人への感謝の気持ちが湧いてきます。そして自分も、次の世代のために同じことをしようと思うわけです。

ちょっと話がそれました。当時四十歳の私はまだまだ若かったですが、四十年先の身体が弱ってくる老後の生活は、私の頭の中では現実的な話だったのです。なるべく温暖な気候なところがよいだろうと、北海道は選択肢から外しました。

山梨などワインの産地として発展しているところは、当然、葡萄栽培にとって適地なのですが、最初から選択肢に入っていませんでした。理由は、すでにできあがっている産地の中ではワインをつくることに対する自由さが少ないからです。この自由さの少ない状態はすでにフランスで経験済みなので、既存のワインの産地は選択肢に入れなかったのです。

いったいどうして岡山なのか

既存のワイン産地ではなく、葡萄の産地を探してみたらどこが候補に挙がるだろうかと考えました。すると、高級葡萄の産地・岡山がトップにきました。岡山には、百三十年にもわたるマスカット・オブ・アレキサンドリアの栽培の歴史があります。なぜ高級葡萄の産地になりえたか？　そこにはもちろん理由があるわけです。前述した条件に照らし合わせてみましょう。

降水量。岡山県の年間降水量は約千百ミリ。全国都道府県ランキングでは二番目の少なさです。ちなみに一位は長野県、三位山梨県、四位北海道。ワインの産地が並んでいるのがおわかりいただけると思います。岡山県といっても広いので、北のほうには中国山地が広がり年間降水量は比較的高めですが、瀬戸内海側は雨が少ないのです。

そしてここで重要なことがあります。岡山に台風が直撃することが少ないという事実です。台風は主に南西からやってきますが、九州から山陰側を通るルートか、四国で東に回って近畿のほうに行くルートにおおむね分かれます。瀬戸内海を通ることはほとんどありません。仮に直撃したとしても台風が陸路を通ることになるので、水蒸気の供給ができず、勢いが衰えることが多いのです。この条件のおかげで、収穫期に葡萄が成熟するのを最後まで待てるという大きなアドバンテージが生まれます。

次に土壌。岡山県には多様な土壌がありますが、葡萄の産地として栄えた場所は、花崗岩土壌が多いのです。花崗岩土壌が風化した「真砂土《まさど》」が堆積しているのですが、文字どおり「砂」と考えていただいていいと思います。砂ですから水はけが大変いいのです。雨が降った直後に畑を歩いても、長靴を履かずに普通に歩けます。粘土質の畑は土がくっつくので長靴を履かなくてはとても歩けません。私が住んでいたフランスのコルナスも花崗岩の風化した土壌でしたので、その知識と経験が生かせるのも大きなメリットでした。

最後に気温。いま私の畑がある富吉《とみよし》地区は、岡山市の中心部から山に少し入ったところで、標高は百五十メートルぐらいです。温暖な瀬戸内式気候は、グルナッシュ、シラーといったローヌの品種が育つ気候に似ています。葡萄にもいいですが、人間も暮らしやすいですね。

以上のように、岡山は葡萄の栽培にとても向いているので、高級葡萄の産地になったことにも合点がいきます。この条件に先人たちの葡萄栽培への研究と努力が加わって、いまの評価につながっています。葡萄栽培に向いた土地なので、品種をワイン用のものに変えていけば、ワインの産地にもなれる！　その確信を胸に秘めて農作業を続けています。

岡山には、さらにいい点がありました。先述したように妻は神戸市東灘区の出身で、阪神淡路大震災で被災した経験があります。直下型の大地震の揺れはすさまじく、家の横に飛行機が落ちたかと思うぐらいの衝撃だったそうです。そのため、なるべく地震のリスクが少ないところに住みたいという希望がありました。地震の観点から岡山を調べてみると、岡山県周辺に活火山はほぼなく、また、活断層も県北に三本あるだけで、歴史的に見ても地震による大きな被害もほとんどありません。今後地震が来ないという保証はどこにもありませんが、リスクが少ないとはいえると思います。

そして、以下は住んでみて実感していることですが、交通の便がとてもよいのです。私はフランスでワインづくりのコンサルタントをしており、年に五、六回ほどフランスに行きます。私が住んでいる場所は岡山空港から車で五分の距離にありますから、妻に車で送ってもらうと、離陸四十分前に家を出れば、飛行機に乗れます。岡山空港から羽田空港か関西空港に飛び、フランス行きの飛行機に乗り換えています。仕事で東京へ行くことは少ないですが、家から約二時間で都心に出られるのは大きなメリットです。山陽道の岡山インターまでは、これも車で五分。関西に出るにも、広島や山陰、四国に行くにも、非常に便利な場所です。岡山駅には新幹線のぞみも停車しますし、とにかく移動に便利な場所なのです。自分が移動しやすいのはもちろんのこと、ワイナリーを訪れてくださる方にとっても便利ということで、大きな恩恵を受けています。

住んでみてわかった岡山の利点はまだまだあります。おいしいレストラン（例えば「はすのみ」さん）があることは、私にとってとても重要です。ほかにも、病院の多さ、食べ物の豊富さと多様さ、人びとの優しさなど、語り出したらきりがないですが、ワインの話とは離れてしまいますので、この辺りでやめておきます。

縁を感じたとき

新たにワインをつくる土地を岡山に決めたのはいいのですが、実際に土地を見つけるのにはとても苦労しました。土壌の構成や斜面の向き、標高などから岡山空港の南辺りがいいと範囲を絞り込みました。私のフランスのワイナリーで研修していた松井一智さんが倉敷市で葡萄栽培をしていて、私たちの移住に全面的に協力してくれました。松井さんと奥さんのまどかさんがいなかったら私たちの帰国も実現しなかったでしょう。とても感謝しています。

倉敷市だったら松井さんの知り合いの方もいらっしゃって、畑を見つけやすかったかもしれませんが、私が選択したのは岡山市。私が範囲を絞った土地は耕作放棄地もあるけれども、土地の所有者は誰だかわからないし、県や市に情報を集めにいっても、なかなか前に進めませんでした。農地の売買はほとんどありませんし、ましてや賃貸はもっとありません。やっぱり、どこの誰だかわからない人に土地は貸したくないですよね。

このような状況が続き、予定した帰国の日まで一年を切っても、まだ何も見つかっていませんでした。

そんなある日、一通のメールを受け取りました。在リヨン領事事務所所長（当時）の小林龍一郎さんが私のワイナリーの見学を希望しているというのです。長年コルナスでワインをつくっていましたが、領事が来られることなどなかったので驚きました。

少し緊張して迎えた当日、小林さんご夫妻はとても気さくに接してくださって、すぐに親しくお話しすることができました。厳しい日差しの中、小林さんご夫妻はコルナスの急斜面を元気に歩き回り、今度は寒いカーヴ[*15]での試飲。自然派ワインを熱心に勉強しておられました。「リヨンに赴任している間に、現地で頑張っている日本人を全員訪ねて応援している」とおっしゃっていました。外交官の中に、こんなに優秀でしかも情熱と人間味にあふれた方がいらっしゃるのだと、とてもうれしくなりました。

醸造場での別れ際に、日本酒のお土産をいただきました。フランスではなかなかいい日本酒と出会うことはないので、喜んでラベルを見ると、岡山県産の日本酒でした。「あれ、珍しいな」と思い、小林さんのご出身を尋ねてみたところ、やはり岡山のご出身でした。小林さんのお人柄に惹かれていたので、失礼を承知で、今後は岡山でワ

＊15 カーヴ ワインを熟成・貯蔵する場所（蔵）のこと。室温が十四度以下で適度に湿度のある室内、地下室、洞窟などが理想とされる。

インをつくっていきたい旨をお伝えし、どなたか協力していただける人を紹介していただけないかとお願いをしました。

小林さんから「岡山といっても広いですよ。どの辺りをご希望されているんですか?」と尋ねられたので、「岡山空港の南辺りを探しています」と即答しました。ご夫妻は驚いたようすでしばらくお互いに顔を見つめあってから、こう答えてくださいました。「岡山空港の南でしたら、妻の実家があります。以前はアレキサンドリアを栽培していましたが、義母も高齢になり、もう栽培はしておりません。土地も、使っていない母屋もありますので、ご興味があれば、一度ご見学にいらしてはいかがでしょうか?」とおっしゃるではありませんか! もちろん、すぐに「ぜひ見学に行かせてください!」とお願いし、小林さんの一時帰国に合わせて岡山に飛びました。

岡山空港の南に位置する岡山市北区の富吉地区は、まさに私が希望していた場所でした。花崗岩が風化した土壌、南向きの斜面、少し山に入っているので寒暖差もあり、葡萄の栽培に適しています。これは後からわかったことなのですが、富吉はマスカット・オブ・アレキサンドリアの生産量でかつて岡山県の一位になったことがある村でした。岡山でいちばんということは、全国一ということになります。葡萄の栽培に向いていることがすでに証明されていたのです。現在は岡山市街に近いことと高齢化のため、農業人口が減ってきていて、マスカット・オブ・アレキサンドリアの栽培は縮小してしまいましたが。

小林さんはお忙しい中、畑を案内してくれました。道中いろんな虫に出会うのですが、それを楽しそうに採取して、いろいろと教えてくださいました。小さいころは一日中このように虫を採ったり、川で魚を釣ったりして過ごされていたようです。自分たちの子どもたちも同様に過ごせたら、なんと幸せだろうと思いました。フランスでは治安の関係で、子どもたちは親がいないところで出歩くことなどありませんので。

小林さんのお母様もとても優しい方で、私たちに畑を貸してくださることを快諾してくださいました。使われていない母屋も貸してくださり、そこを自分たちでリフォームすることにしました。いまはそこの居間でこの原稿を書いています。

みなさんの温かいご支援によって、いまの私たちがあることをとても感謝しています。そしてその道筋が、はるか昔から事前に決まっていたかのような感覚を覚えます。自分でも驚くようなつながりが前もって準備されていたのです。

岡山に暮らし始めてからしばらく経ったころ、小林さんが一時帰国されました。数人で一緒に食事をしているときに、小林さんが外交官を目指したきっかけのエピソードを聞くことができました。小林さんのお父様はお医者さんをなさっていて、海外の学会にも参加されていました。まだ小さかった小林さんは、アメリカで開催された大きな学会に連れていってもらったそうです。大きな会場に、さまざまな人種の人びとが世界各国から集まり、話し合いをしていました。それがとても印象に残り、自分も世界中の人がいいつながりを築けるような外交官になりたいと思ったそうです。

そのきっかけとなる体験のそばに、私の父がいたのです。

父はかなり特殊な仕事をしていました。お医者さん専門の旅行会社で、海外で開かれる学会への旅行を手配していました。当時はまだインターネットもパソコンもない時代ですから、学会が開かれる場所の近くのホテルの手配など、一般の人では難しかったのだと思います。父に小林さんのエピソードを話すと、「自分がアテンドしていたはずだ」とすぐに答えました。

コルナスで小林さんと出会えて、いま岡山でワインづくりができている幸運は奇跡のように思えていましたが、すでに子どものころの小林さんと父が出会っていたなんて、これはもう奇跡というより、あらかじめ決められていたと考えるほうが自然ではないかと思ってしまいます。こんな多くの縁に助けられて、岡山でワインづくりをするようになりました。

飛行機が飛ばない⁉ 帰国の顚末

日本に帰国したのは二〇一六年十一月でした。飛行機に乗るまでが大変で、日本に着いたときはもうくたくたでした。

小さな子ども三人を連れての帰国なので、荷物もたくさんありました。一人当たり二個のスーツケースで計十個。とても一台の車には乗りきらず、友人にも一緒に運んでもらってリヨン空港に到着し、なんとかチェックインできました。手荷物も持っていける範囲でパンパンに詰め込み、出発ロビーでようやく一息つきました。あとは飛行機に乗るだけで、日本に帰れます。前日までの荷造りや帰国準備ですでに疲れきっていました。

ところが、搭乗時刻になっても案内がありません。フランスではよくある話で、飛行機が遅れているのだろうと思っていました。リヨンから日本への直行便はありません。しかもいちばん安いチケットを取ったので、一度フランクフルトを経由して成田空港に到着後、成田から羽田空港まで移動して関西空港へ向かうという行程でした。ヨーロッパの都市を結ぶ路線はスケジュールがぎっちり詰まっているのか、機体の到着が遅れることはよくあることなので、初めはなんとも思いませんでした。

ですが、「何時に遅れて出発予定」との案内もなく、さすがに少しおかしいと思い始めました。外に目をやると、飛行機はすでにそこに来ているのです。さらに三十分、何の連絡もないまま待ちました。待ちきれず、搭乗口にイライラした表情で並んでいる人たちもいました。

ゲートが開かれ、やっと乗れるのかと思っていたら、通路を通ってそのまま到着ロビーに向かえと言われました。なんと、フライトがキャンセルされてしまったのです。理由は航空会社のストライキ。目の前が真っ暗になりました。荷物受取所に行き、ベルトコンベアで運ばれてくるスーツケース十個を回収し、ロビーに出て、航空会社の受付に並びました。

スーツケースを待っている間にできてしまった受付前の長蛇の列に並んで、これからの指示を仰ぎます。列はゆっくり進んでいきますが、不満と不安からか、みんなイライラしています。窓口の対応も日本みたいに、「ご迷惑をおかけして申し訳ありません」と低姿勢なはずもなく、「私たちもこんな状況になってしまって本当に迷惑」

と言わんばかりに、不愉快そうに仕事をしています。

長年のフランス生活のおかげで、このような状況には慣れてしまったので、私たちは冷静に淡々と待ちました。ほかの便に全員そろって乗れることは難しいだろうと、二時間ほど待っている間にいろいろな可能性を必死に検討しました。そして長い時間をかけてやっと自分たちの番になりましたが、最終的には「翌日の朝五時に来て、また交渉してくれ」という驚きの結末となりました。

航空会社が呼んでくれたタクシー二台に荷物を積み込み、十五分ぐらい走ってホテルに着きました。予期せぬリヨン泊となりましたが、数時間の睡眠で起床してチェックアウトです。空港に着くと、飛行機を確保してあることがわかり、一安心しました。リヨンからアムステルダムに飛ぶと、そこからは関西空港までの直行便に接続していました。到着時刻はキャンセルされた便に比べ少し遅くなりましたが、成田〜羽田の移動も必要なくなり、結果オーライぐらいになりました。

関西空港に着いてから、子どもたちを妻の実家に預けて、夫婦二人だけで岡山に向かいました。最初の二日間は空港近くの温泉宿に泊まり、それ以降はこれから借りる家に住みながら改装していく計画を立てていました。

古民家リフォーム

現在私たちが住んでいる古民家のリフォームは、自分たちでやりました。二十年間も人が住んでいなかったので、すぐに住める状態ではありませんでした。猫が入った跡や、コウモリやネズミがいたらしい形跡がありましたが、家自体はとても立派で、大きな梁もしっかりしており、内装工事を行えば住めるようになるはずでした。

電気は通っていますが、IH調理器やオーブン、クーラーなどを入れるため、新たに配電盤と配線をやり替える必要があります。水道はメーターが取られていましたが、おそらくメーターをつなげれば使えるでしょう。外に電気給湯器がありますが、水がないため稼働するかはまだわかりません。そんな状況でした。

私はフランスにいるときに、築百年以上の石造りの家を買い、中をほとんど壊して、新たにつくり直した経験があります。フランスではホームセンターがとても大きくて、建築資材もかなり豊富です。多くのフランス人が家のリフォームを自分で行い、丸ごと一軒を自分で建ててしまう人もいます。自分でやれば材料費だけで済むので、大工や業者に頼んだ場合の約三分の一の値段で行えます。週三十五時間労働、有給休暇が一年に一か月ある国ですから、時間は十分にあります。退職して、失業保険をもらいながら家を建てる人も多いです。なんでも自分たちで工夫しようというお国柄だと思います。地震がないというのも大きなアドバンテージですね。こうしたフランスでの経験もあったため、今回も古民家リフォームをDIYで行うことに踏み切ったわけです。

理想のキッチンを手に入れろ！

さて、岡山でのリフォームですが、家では何がいちばん大事なのかをまず考えました。大岡家にとって、それはキッチンです。とにかくおいしいものが食べたい。それには、妻が快適に料理をつくれる環境が必要です。すでに昔ながらのキッチンがありましたが、仕事しやすいよう、新しくすることにしました。

フランスの家のキッチンは自分たちで選んだものを使っていたので、できればそれと同様のものがほしい。そして贅沢品だけれどできればほしいのが食器洗浄機。新品を買いそろえる余裕はないので、ヤフオクで探すことにしました。探し始めて数か月、システムキッチンセットとして売りに出されていた商品がありました。コの字型の対面式カウンターキッチンで、食器洗浄機、オーブン、IHコンロと魚グリル、換気扇が付き、シンクはシャワーヘッド付き、人工大理石を使用した夢のようなキッチンです。二年使用した中古で購入時の価格は三百五十万円、入札開始価格は八万円。とても大きなキッチンセットですから入るかどうかは自信がなかったのですが、パーツごとに分解したとしても十分な価値があります。入札開始後、ほかの人も入札してきて一瞬諦めモードになりましたが、十六万円で私が入札したのを最後に、そのまま落札できました。思いもよらず予算内の落札です。妻とハイタッチをして喜びました。

それから出品者と落札者間の取引が始まりました。「キッチンは大型荷物のため、運送会社の営業所止め」と書いてあります。配送のことを何も考えていなかったのですが、私たちはまだフランスにいる時期のことでした。これはまずい。岡山の家を知っている人は倉敷の松井さんしかいない。松井さんに平身低頭でお願いすることになりました。

松井さんは大工の友人と、二トントラックで運送会社の営業所と我が家を二往復してくれました。私のワイナリーで研修をしてしまったがために、こんな面倒なことを頼まれて本当についてないと思ったことでしょう。ごめんなさい。次回は計画的にいきます。

いよいよリフォーム開始

そんなわけでリフォーム前の家は、玄関を開けたら、段ボールで梱包されたままのキッチンの部品がずらずらと並んでいました。歩く場所もないぐらいです。これらを設置しないとリフォームが進みません。

妻と一緒にまず一部屋だけ徹底的に掃除し、そこで寝られるように頑張りました。茶室として使用されていた部屋はきれいでしたので、そこにベッドとこたつを入れて、最低限暮らせるように整えました。電気は通っていますが、水はまだありません。

昔は水道が使えたはずなので、水道メーターをつければ水は出るはずだと、今度はヤフオクで水道メーターを落札しました。ところが、送り主からメーターが少し破損していたからキャンセルしてほしいとの連絡があり、届きませんでした。ならばホームセンターで買おう、と探してみたが見つからない。おかしいと思ってネットで調べると、水道メーターは水道局が指定した業者だけが設置可能とのこと。自分で取り付けたら違法なのだそうです。まったく知らずに違法行為をするところでした。

そこで、この家の水道を設置した業者に行き、メーターを取り付けるだけの工事をお願いしたのですが、「料金はおそらく二十万円は超えると思う」との回答。メーターを入れるだけなのに？　と驚きましたが、正式な見積もりを待ち、水がない状態で生活をスタートさせました。水は隣の大家さんの外の蛇口を使わせてもらって、バケツにくんで使用しました。トイレは使用後にバケツの水を使って流す、洗面台にはポリタンクを置いて、ちょろちょろ使うという生活です。お風呂は二日に一回、近くの温泉に浸かりにいきました。そこにはWi-Fiがあったので、その際にメールなどの作業をこなしました。携帯電話を契約したものの、我が家には電波が届かなかったのです。これには大変困り、友達が家に来たときに携帯を見せてもらって、電波が届く会社に契約をし直しました。当時、ここには光回線は通っておらず、ADSLも電話局からものすごく遠いので使用できる速度ではなく、ネット難民になってしまいました。

暖房器具もこたつぐらいしかないのでとても寒く、家の中なのに息が白くなりました。ここに暮らして二日ぐらい経つと、妻は「フランスに帰りたい」と言い出し、ホームシックにかかっていました。フランスの家は全部自分たちで新しくしたので、断熱もしっかりしていて床暖房も入っていましたし、とても快適でした。

しかし、なんとかしなくてはなりません。まずは掃除からスタート。次に天井のペンキ塗り。それから壁のペンキ塗りです。壁の一部は漆喰《しっくい》を塗り直しました。

次に、既存のキッチンを解体して、新しいキッチンを設置していきます。カウンター付きキッチンですが、家の間取り上、カウンターがキッチンスペースの横幅全部を使って通路をふさいでしまい、キッチンの中に入れません。それでは困るので九十度回して、すべての面が壁につくように設置しました。カウンターにつく予定だった棚は、このままでは奥に埋もれてしまって使用できないので、天地を逆さにして、壁に取り付けました。奥行きが通常のキッチンより若干深いキッチンとなりましたが、使い勝手は悪くありません。

電気と水道が思いどおりにならない！

続いて、ＩＨコンロやオーブンなどの電気系統の配線と、水道の配管を設置しなくてはなりません。電気ケーブルはネットで購入し、自分で引こうと準備をしていましたが、電気の使用量が上がるので契約の見直しをして、配電盤が古かったので新しいのに替えてブレーカーも足そうと思っていました。

近くの家電販売店で家電一式をそろえて、エアコンを設置してもらう段階になりました。家電業者が来て、「電源はどこにありますか？」と聞かれたので、「新しい配電盤から引っ張ってきて設置します」と答えたら、「日本では免許がないとそれはできない」と言われました。そして、それでは保証も効かないので、専門業者に任せたほうがいいとのアドバイスをいただきました。ここでも免許がいるなんてと、自分の感覚が日本とずれていることを痛感しました。水道はまだ見積もりが出ません。

リフォームの最後は床です。歩くとしなって、いまにも穴が開きそうな場所があるので、下に合板を敷いて耐久性を上げてから、その上にクッションフロアと呼ばれるビニールシートを貼りました。

配電盤の工事も終わり、いよいよ家電の設置です。冷蔵庫に電源を入れて翌朝冷えているかを確かめたのですが、冷蔵庫の中のほうが温かい。冷蔵庫はちゃんと機能しているのですが、部屋が寒すぎたのです。エアコンを設置して温かい風が出たときには本当に幸せを感じました。

家はだんだん快適になってきましたが、水道がまだです。水がない生活がもう二週間以上続いていました。年末も近づいてきたので、再度水道業者に催促に行きました。「なるべく早くお願いしたい」と言ったら、「年末で仕事が詰まっていて、百万円だったらすぐにやる」と言うではありませんか。これには本当に驚きました。フランスに二十年いて、日本はしっかりした国だと思っていましたが、こんなに足元を見る業者がいるなんて。当然そんなお金はないので、そこを後にしました。松井さんに相談すると、知り合いの水道業者を紹介してくれました。その人に事情を説明すると、まずヤフオクでメーターを落札しようとしたことを怒られましたが、百万円を請求してきた同業者にも怒っていました。私たちの暮らす地域は岡山市の郊外ですが、空港が近くにあり、その整備のときに下水が通りました。下水には集落単位で浄水施設があり、そこに加盟するのにお金がかかり、それは地域によって値段が違うそうですが、だからといってそんなにかかるわけはない、ということなのです。

優しくてしっかりした水道業者の方のアドバイスにより、外にあった大家さんの蛇口に小さいメーターをつけて、そこからうちの水道の元栓まで、土を掘って配管を埋め、つなげるという方法をとってくれました。

このようにして、帰国後三週間を過ぎてやっと水道が開通しました。初めて水が出たときの感動といったら。水はとても貴重なものだから大切に使わなくてはと思いました。いまではその感覚も薄れて、通常に戻りつつありますが。いけないですね。

子ども部屋もすべてきれいにするまで一か月かかり、お正月になんとか子どもたちを迎えに行くことができました。子どもたちにこの家を気に入ってもらえるかが不安だったのですが、テレビの前にこたつがあるのを発見して、「こたつがあるー!」と大喜び。こたつに入ってテレビを見ながらみかんを食べるのに憧れていたそうです。ドラえもんなどのアニメの影響でしょうね。そんなポイントが重要なのかとちょっとがっかりし、同時にちょっと安心して家族五人、日本での生活がスタートしました。

畑を借りる

家のリフォームがなんとか終わり、富吉に家族そろって暮らし始めました。まずは大家さんと一緒にご近所に挨拶回り。いろいろな方をご紹介いただいて本当に助かりました。暮らし始めるとわかるのですが、地域にはそれぞれ独特なルールがあり、またそれに関連したたくさんの組織があります。それに上手に参加することが地域に溶け込むことになります。義務感を感じてすべてを一気に引き受けてしまうと、後で無理が来ますので、上手に少しずつ参加することが重要です。

子どもたちが外で遊ぶようになってくると、犬の散歩をしている方々と仲良くなります。そして親もそれをきっかけに仲良くなれます。結婚している、子どもがいることは、その人が信頼できるかどうかのひとつのバロメーターになっているようです。

暮らし始めて間もなく、「ひとつの区画の畑が貸しに出ているらしい」と農地中間管理機構から連絡を受けました。農地を探していたので、この団体に借り入れ希望の申請をしていたのです。めったにない畑の賃貸が出てきたのには理由がありました。この土地の大家さんがある方に違う区画を貸すことになり、その手続きをしました。ところが岡山市の職員が実際にその区画に行ってみたら、耕作放棄地になっていました。大家さんが間違った区画を記載してしまっていたのです。市としても耕作放棄地として登録せざるを得なくなり、それを解消するように指導が入りました。それで、この区画も貸すことになったのです。実際に大家さんと中間管理機構の方と一緒にその区画に行ってみると、段々畑の上にある区画で、法面《のりめん》（畑の際の斜面）が多く、作業効率の悪いところでした。それでも借りられるだけありがたいと思い、ぜひお貸しくださいと頼みました。周りも耕作放棄地だらけで、自分が好きなスタイルの農業をしても文句を言う人がいない、ということも気に入りました。

畑がどんどん集まってきた！

翌日、私の家に近所の方が来られました。「昨日、あそこの区画を借りたんだって？　うちはその隣の区画を持っているんだけど、そこも興味ない？」ということでした。もちろん喜んで、とすぐに案内していただき、そこもお借りしますと即答しました。

さらに翌日、今度は複数の近所の方が来られ、「あそこの区画を借りたんだってね。私たちの区画もその隣にあるんだが、もし興味があれば一度見にいかないか?」ということになりました。それを全部お借りして、畑は一気に二ヘクタールまで広がりました。このままだと明日もさらなるオファーがあるだろうと思い、とりあえずこの二ヘクタールを再生して、それからさらに広げるかどうかを決めるので、これ以上は現時点ではお借りしない旨をみなさんにお伝えしました。

あんなに畑探しに苦労していたのに、まさかたった三日でこんな広さが集まるなんて。とても驚きました。このことを倉敷市の松井さんに話したところ、実はよくあることなのだそうです。

代々農業を営んできた家々も、高齢化が深刻です。農業を継がない人も多く、そうすると年齢を重ねるとともに栽培できる面積を減らしていかざるを得ません。栽培を諦めた土地でも、そのまま放置すると荒れ地になってしまいますので、それを防ぐために草刈りだけは定期的に行います。土地を守るため、近隣からのクレームを防ぐためにただ草を刈り続けるのです。もちろん、きれいにしても少しの収入もありません。土地を有効に活用してくれる人がいれば、できれば貸したいのが本音です。でも知らない人に貸すと、土地を荒らされたり、返してもらえなくなってしまったりするのでは、というような漠然とした不安があるため、貸しに出すこともできない。そんな状況なのです。

一度地域に溶け込んで信頼を得られたら、一気に土地が集まるという現象はどこでも起きるのです。私の場合は、フランス時代の実績と、大家さんが紹介してくれたこと、子どもがいたことなどが合わさって、早めに貸していただけたということなのでしょう。

子どもが三人いたことが、とても歓迎された理由はほかにもあります。子どもが通う小学校の全校生徒数は当時たったの十五人でした。そこに三人が加わるのはとても大きかったのです。同級生がいなくて一人だけだったクラスに、同級生が転校してくる。子どもにとってはとても大きなニュースでしょう。

ここは岡山市の中心部から車で二十分ほどのところにあり、自然が豊かで通勤にも便利な場所といえます。それなのにこの子どもの少なさ。日本の少子高齢化問題はとても深刻です。農業従事者の数は減る一方ですから、これから耕作放棄地も増え続けるでしょう。これらの問題を少しでも解消できるような農業のスタイル、ワインづくりの新しいスタイルを提案できるよう、毎日励んでいます。この本の中でもいくつかの解答を示していきたいと思います。

耕作放棄地は悪いものなのか？

耕作放棄地の問題を語り始める前に、まず私の本心をお伝えします。まだ誰にも言ったことはありません。誤解されてしまう可能性が高いからです。

耕作放棄地が増え続けること、それ自体はさほど悪いことではないと思っています。すべては物事をどの視点から見るかによるのです。地球規模で考えた場合、この奇跡の惑星といわれる地球の砂漠化は深刻な問題です。小学校で習った地球の写真と、いまのGoogle Earthの写真を比べてみてください。自分たちが想像している以上に緑が減っているのです。

地球は元来、岩の塊で、土というものは存在していませんでした。岩の風化と生命の誕生とたくさんの生物の死が積み重なって、土というものが生まれ、緑に覆われていったのです。

土が死んでしまえば、緑もなくなります。何をもって土の死というか、またその原因は多々ありますが、近代農業の手法が最大の原因だといえます。

話をもとに戻しますと、耕作されていた土地に人間の手が入らなくなって放棄されると荒れ地になり、最終的には木々に覆われて山になっていくわけで、完全な自然の姿に戻ることができるのです。自然が失われてばかりいる中で、自然が復活しているわけです。それ自体は大変喜ばしいことです。

ただ、自分が生まれ育った日本という国、また自分の住んでいる地域の目線で考えると、喜ばしいとはいえなくなってしまいます。

耕作放棄地が増えると、みなさんがイメージする日本の田園風景が崩れ始めます。農業人口の減少が原因です。日本は少子高齢化が進んでおり、就労人口は減少していますが、その中でも農業は後を継がない人も多く、また新規就農もハードルが高いため、さらに農家は減っていきます。そして荒れ地が少しずつ増えていきます。農家が減ると、そこの組合の収穫量も減っていきます。安定した量の作物を供給できなくなるので、市場でのポジションも低下してしまいます。そうなると価格も安くなってしまい、さらに農業を行う人が減る、という負のスパイラルに落ち込んでしまいます。さらに荒れ地が増えて、人口も減っていき、お年寄りだけが残りますが、それも数十年後には廃村ということになってしまいます。そして都市だけに人が集まります。都市は必要ですけれど、果たして都市だけでいまの社会が成り立つのでしょうか？　これに関しては議論する必要もないですね。人間は食べ物がないと生きていけませんから。

さらに日本という特殊な国土に暮らしていることを考慮すると、なるべく各地に分散して暮らしたほうがいいのです。地震、津波、洪水、噴火、台風など、これほど災害が多い国も珍しいでしょう。毎年、日本各地で何かしらの災害が起きています。災害の被害を最小限に抑える方法は、人口を分散させることです。震度七の大地震が起きたとしても、そこに人が住んでいなかったら、人的被害はありません。被害を抑える方法はたくさんあると思いますが、人口を分散させることが効率のいい対策になります。

農村が荒廃し、地方の活力が下がっている昨今、仕事が減ってくると地方への移住も現実的に進まないというのが現状です。耕作放棄地を解消し、新たな農業のスタイルを確立し、魅力的な特産品をつくり、地域を活性化させることが必要になっているのです。

耕作放棄地を再生させる

農家が最初に耕作をやめる畑とは、作業効率が悪い畑です。平らで大きな区画はトラクターで作業できるので効率がよく、荒れることはまずありません。それに対して、山に近い斜面で、耕作面積に対して法面が多く、法面の草刈りなどが主な作業になってしまうという畑が耕作放棄地になりやすいのです。一般には「中山間地域[*16]」と呼ばれています。中山間地域が荒れて山に戻っていくことで、農村や都市にまでイノシシが出たりするなどのニュースになっています。被害に遭われた方々には申し訳ないですが、これも視点を変えれば、動物が増えて自然が戻ってきているといういいニュースともとれます。

私が借りた土地はまさにこのような中山間地域が多かったです。そして、一口に「耕作放棄地」といっても、その状態にはいくつかのレベルがあります。

いちばん状態がいいのは、栽培はしていないけど、草刈りは定期的に行っているという区画です。これはすぐに葡萄の植え付けができます。

十年ぐらい放置したところになりますと、笹や葛《くず》に覆われていたり、木も少々出てきたりしていて、区画全体の形すらわからなくなっています。こうした区画は、木はチェーンソーで、笹は刈払い機で刈っていきます。区画の全体像が見えてきて、溝の位置などがわかってきたら、ハンマーナイフモアという自走式破砕機を投入します。これはY字型の歯が高速で回転し、植物を刈り取りながら破砕していく道具です。草の量が多いのでゆっくり進んでいきますが、一日作業すると、かなりの広さがきれいになります。葛などのつる植物が多い場合、刈払い機にもハンマーナイフモアにもからんでしまって、作業効率が大幅に下がります。そのときは、百円ショップで買った

***16 中山間地域** 農業地域類型区分（都市的地域、平地農業地域、中間農業地域、山間農業地域）のうち、中間農業地域と山間農業地域を合わせた地域を指す。「平地と比べて地理的条件が悪く、農業の生産条件が不利な地域」と規定されている。

プラスチック排水管を切るノコギリでつるを切断し、からんだ部分を除いてから作業再開となります。順調に進んでいた作業がいきなり止まるのでやる気は落ちるのですが、これらが自分の大好きな葛切りの原料になっているのかと思うと、少し気持ちもやわらいできます。ハンマーナイフモアですべての面積の植物を破砕すれば、いったん作業は終了です。笹や葛はそのまま残しておくと、その後また生えてきてやっかいですから、土を一度ひっくり返して、できる限り除去します。このような区画は側溝なども埋まっていたり、壊れたりもしていますから、側溝の土を出して再び機能するように直しておきます。

ここまででも、かなり手間がかかることがおわかりいただけたと思います。ですから、畑は荒れる前に貸しに出すことが大切です。これらの手間をかけてまで畑を再生しようと思う人はまれですから。

もっと難しいケースは、耕作放棄地の中に農業の資材がそのまま放置されているパターンです。ビニールハウスの骨組みだったり、ガラス温室のガラスだったり、肥料が入っていた袋や崩れたバラックだったり、まさに「刈ってびっくり玉手箱」といえるでしょう。このパターンですと、作業効率はさらに落ちます。草刈りをしていて、鉄線でも切って飛ばしてしまえば危険極まりないです。私のフランスの友人は、草刈りの最中に二十センチの鉄線が太ももに刺さって病院に行きました。耕作放棄をするときはなるべく何もない状態にしてほしいものですが、そんな場所に当たってしまったときは、「きっと突然の病気や事故で栽培を諦めざるを得ない状況だったのかもしれない」と思い、諦めて処理をすることです。

ちなみに、もっともっと年月が経った区画は、森に近くなります。こちらは下草の処理がほとんどいらず、木こり仕事といったほうが正解です。木を除去した後、切り株をショベルカーで掘り起こして取り除きます。大型トラクターかブルドーザーで耕して大きな根を切断し、取り除きます。その後、整地を行ってから植え付けをします。先人たちが行った「開墾」という作業に近いことになります。ショベルカーもブルドーザーもない中、すべて人力で行ったかと思うと、ただただ頭が下がるのみです。

コルナスで畑を開墾していた時代に、人力で直径一メートルほどの切り株を除去した経験があります。石積みの段々畑が耕作放棄され、そこに大木が茂っていたのを切り倒し、葡萄畑として再生しました。ショベルカーが入れない斜面だったので、人力でやりました。切り株の周りの土を全部取り除き、根っこを切断していき、ウインチで引っ張って、やっと除去することができました。一人で一週間かかりました。先人たちの苦労が少しわかったのでとてもいい経験になりましたが、ショベルカーを使ったら三十分もかからなかったでしょう。

実は、耕作放棄地にはメリットもあるのです。それは、「土が十分休んでいる」ということです。作物を栽培した土地は、多かれ少なかれ土のバランスが崩れています。植物は土地から養分を摂取し続けますから。放置されて雑草が生えた土地は、徐々にバランスをもとに戻していくのです。残留農薬や肥料の問題も少なくなってきますので、農業を新しくスタートさせる土地としては最適でしょう。

酒造免許を取る

ワイナリーには醸造場が必要です。醸造場とは、葡萄をワインに変えるところです。一昔前のフランスでは農家の納屋で行っていたことですから、それほど大きな設備は必要ありません。

日本でワインをつくるためには、果実酒用の酒類製造免許が必要です。これを取得するのは簡単なことではありません。大きく分けて、次の四つの項目を満たす必要があります。

一、醸造経験　酒づくりを少なくとも三年は経験していること

二、資金　ワイナリーとして経営できる資金があることの証明

三、醸造量　年間六千リットル以上の果実酒をつくること。また、そのための原料の

仕入れ先などを提出すること
四．販売網　ワインを実際に販売できる根拠を問われる
そのほか、醸造設備、醸造方法、原価計算など細かい書類が必要です。

三の醸造量ですが、これがワイン特区[*17]になると年間二千リットルとなり、ハードルはかなり下がります。ただし、そこで醸造できるのは特区内で採れた葡萄に限られます。岡山市には私のところのほかにワイナリーはなく、ワイン特区ではないため、年間最低六千リットル（ワインの瓶に換算すると約八千本分）のワインを醸造する必要があります。

この最低醸造量は、これからワインをつくっていこうという若者にはちょっとしたハードルになっています。畑をちょっとずつ増やして、ちょっとずつワインをつくっていく、ということができないからです。ただこの要項について理解できる面もあります。二千リットルのワインをつくれる施設と六千リットルのワインをつくれる施設は、投資金額としては大差がありません。せいぜいタンクの数が増えるぐらいです。二千リットルをつくる醸造場でも、プレス機、瓶詰め機、打栓機などすべての機械をそろえる必要があります。投資額がそれほど変わらないのに、生産本数が少なければ一本当たりのコストは増し、経営面で厳しくなります。ワイナリーとして独立していくためには、年間一万本ぐらいをコンスタントに販売できなくては事業として成り立たないということなのでしょう。これは高価なワインだけをつくる例外的なワイナリ

*17 **ワイン特区**　構造改革特別区域法において、地域経済の活性化を目的に、特例的にワイン醸造に対して緩和措置がなされる区域。北海道、山梨県、長野県をはじめ全国各地にある。

ーを除けば、事実です。

私が疑問視しているのは四の販売網です。まだワインをつくっていないのに、どうやって販売網を築けるのでしょうか？　これに関しては見直す必要があると思います。とはいえ、ワインづくりの現場にいるものとして、この要項を理解できる面もあります。ワインの販売はかなり難しいものです。世界各地からおいしいワインが日本に輸入されている中で、消費者に選んでいただけるようなワインをつくらなくてはいけません。高い品質とそれに合った値付けが必要になります。ワインをつくること自体は誰にでもできます。葡萄をつぶして置いておけばワインになりますから。ですが、おいしいワインをつくるとなるとまた話は変わってきます。古くからのワイン生産国には歴史も技術も資金もあります。それらの国々のワインと戦っていくわけですから、酒類製造免許取得前であろうとも、何かしらの形でサポートしたいという人びとの協力が得られないようなプロジェクトでは、将来が危ぶまれるというものです。

ワイナリーの現実

日本では、ワイナリーの数がどんどん増えています。私もその一人ですが、喜ばしい反面、不安でもあります。ワインをつくりたいという気持ちがあってワイナリーを立ち上げるだけでは駄目なのです。どのような畑でどんな葡萄を栽培し、その葡萄を醸造してどんなワインをつくり、いくらぐらいの価格帯でどこ向けに販売していくのか。このような当たり前の戦略もないようでは、かなり厳しい結果が待ち受けているでしょう。

違う業種に例えるとわかりやすいと思います。食べるのが大好きだからといって、ちょっと勉強しただけでレストランを立ち上げるでしょうか? 日本酒が好きだからといって、田んぼを借りてお米をつくって、酒づくりを始めるでしょうか? これらとまったく同じことなのです。これがワインになると、「夢だから」ということで、つくり方をざっと教わっただけでワイナリーを立ち上げる、ということが実際に起こります。六次産業化などの補助金を取得し、業者に言われるがままに近代設備を整え、何千万円もの設備投資を行います。最初の数年は珍しいのでワインは売れるかもしれませんが、その後もワインは売れ続けて投資を回収できるのでしょうか?

このような、戦略や理念が希薄なワイナリーが増えているのではないかと心配しています。第三セクターのワイナリーは赤字でも運営していけるでしょうけれど、個人経営のところは難しくなるでしょう。いまは空前の日本ワインブームですが、私にとって値段に見合っていて、自分が購入したいと思えるワインをつくっているワイナリーは、全体の十パーセントぐらいでしょうか。ブームというのはいつか終わるものなので、そのときに果たして生き残れるワイナリーはどれぐらいあるのか、真価が問われることと思います。

おだてられて投資をし、悲しいことにその後はしごを外されてオーナーが変わった

下・もとは米の倉庫だった醸造場。天井が高く、醸造場としても使い勝手がいい。修理待ちの垂直式プレス機（写真右、詳細は九十三頁参照）が目印。「馬屋上（まやかみ）農業倉庫」という文字のレトロな感じがふさわしく思って、そのままにしてある。

例なども耳にするようになりました。コロナ禍を経験し、さらに多くのワイナリーが厳しい状況にさらされていることでしょう。

それでも、私は日本がワインの生産国として世界の一翼を担えると確信しています。その取り組みのひとつをこの本で提示していきたいと思います。

醸造場を探す――醸造業は農業か工業か?

醸造場の話に戻りましょう。日本に帰国する前から、醸造場に使える物件をインターネットで探していました。酒類製造免許を取得するには最短で約六か月かかります。帰国したのが二〇一六年十一月末ですから、翌年の二〇一七年九月にワインを仕込むためには、一月か二月ぐらいには免許の申請を終えていないと間に合いません。それには醸造場の住所が決まっていることが大前提でした。しかし、なかなか見つかりませんでした。

私が住む富吉地区は、岡山市の中心から車で二十分ほどの山あいにあります。私の葡萄畑のほぼ全区画が富吉地区内にあり、畑のすぐ近くに醸造場を立ち上げることはとても自然に思えました。ところが話はそう単純にはいかなかったのです。また、私がすでに葡萄を栽培していれば「農業従事者」となりますが、岡山市でこれから葡萄を栽培し、それを加工するということでは農業従事者とならないので、農業用の建築物の建築主になることができないという問題にもぶつかってしまいました。

日本では、醸造業は味噌・しょうゆなどを製造する「工業」と位置づけられていま す。農業ではないのです。また富吉地区は都市計画法によって「市街化調整区域」に 指定され、市街化を抑制するために建築が規制されていました。市街化調整区域では、農林漁業用の建築物を建てる場合には許可がいらないのですが、醸造業は農業には該当しないため、市街化調整区域では醸造場を立ち上げることが難しく、一定の条件を満たしたときだけ可能になります。したがって醸造業は、工業地域や市街化調整区域内の建築可能な地域で行わなければなりません。一方、葡萄を搾ってジュースをつくることは「収穫農産物の加工」ですから、市街化調整区域でも可能です。

そこで、工業用の土地から物件を探しました。「自然派ワインをつくっているのに、工業地域に醸造場があるってどうなの?」と思いましたが……。どんなに近い物件でも家から車で三十分はかかる場所にあり、往復の時間を考えると気が進みませんでしたが、しかたありません。

ところでこのごろ、街中にワイナリーがあるケースが見受けられますが、コンセプト自体に私は反対です。都会の人がワインを飲むとき、そのワインの葡萄が採れる畑や醸造場の風景に思いをはせる喜びがあります。それは身近にはない風景だからです。せっかくワイナリーを見学しようと思ってくれた人には、葡萄畑の自然がある田舎にお連れするべきです。そこの空気やそこにしかない味わいがあると思っています。都会の人が田舎(それは自然と言ってもいいかもしれませんが)とつながっていると思えること

左頁・遅摘みのマスカット・オブ・アレキサンドリアからつくったワイン「神楽月」(かぐらづき)の瓶詰め作業中の醸造場内。左上の樽はフォークリフトで持ち上げてあり、重力を利用して瓶詰め機にワインを送っている。

が重要なのです。ワインはできたてがいちばんおいしいわけではなく、年月をかけて熟成していくことで真価が発揮されるものが多いので、熟成する環境も大切です。その点からも、都市にあるべきものではないと考えています。いろいろと事情があるのはわかりますが、珍しいという理由だけで都会のワイナリーをもてはやすのはどうかと思います。珍しいのは、その必要性がないからこれまでなかった、というだけですから。

岡山に話を戻します。富吉から総社市《そうじゃし》方面に山を下りたところの国道沿いが工業地域になっており、そこに貸し物件がありました。築十年ぐらいの比較的新しい倉庫で、使い勝手はそれほど悪くはなさそうです。ただし、道を挟んだ反対側はパチンコ店とラブホテル。隣接している倉庫は車の塗装業者で、前の駐車場にはアニメのキャラクターが車体全面に描かれた「痛車《いたしゃ》」がとめてありました。塗装のペイントの匂いが醸造場内にも入ってこないか一抹の不安はありましたが、家賃も妥当だったのでここに決めようと思い、「一晩考えて翌日に連絡します」と不動産屋の方に告げました。もう今年も残りわずかという年末でした。

その日の夜、我が家はまだ水道が使えなかったので、いつもの温泉ホテルに行きました。夕飯をつくる気力もないので、夕食を食べていこうとホテルの中の軽食屋に向かって階段を上っていきました。ここで夕食を食べようとしたのは初めてのことです。するとと、階段の上から白髪の紳士が降りてこられました。お隣にお住いの齊藤さんです。ご挨拶をすると、齊藤さんは「大岡さん、ちょうどいいところで会えた。いま地元の岡山市議の難波満津留先生と忘年会をしている。醸造場の話をしたら、ぜひ富吉の農業倉庫を使ってほしいと言われているので、いまから話を聞きに来てもらえないか？」ということでした。

地域の重鎮ぞろいの忘年会ですが、いい感じでお酒が入っていて、突然の参加にもかかわらず温かく迎えていただきました。ご挨拶をしてから事情を説明すると、難波先生は「市の許可に関しては適用できる要項があるはずだから、富吉の農業倉庫をまず見学に来てほしい」とおっしゃってくださいました。「地元にワイナリーができたらとてもうれしいので、応援します」と、ありがたいお言葉もいただきました。

さっそく翌朝、農業倉庫を見学に行きました。うちからは徒歩八分。子どもが小学校に行く通学路の途中にあります。昔JAが建てた米倉庫で、選果場として転用された後、数年前に売りに出されて、現在は町内会長が所有していました。

シャッターを開け、中に入って驚きました。広くて天井が高いのです。米倉庫だったため、壁には木の柵が取り付けられています。米俵を積み上げたときに、俵が直接壁に触れてかびないようにするためのものだそうです。それがとてもおしゃれに見えるのです。窓は一切なく、壁の下のほうに通気口があるのですが、ネズミが入らないように網が張られていました。倉庫が暑くならないようにするための工夫のようです。壁も、万が一俵が倒れたときのために頑丈につくってありました。入口はフォークリフトが入れるように緩やかなスロープになっていて、醸造場としては理想的でした。ここにタンクを置いて、こちらに樽を置いてと、すぐに頭の中にイメージが浮かびました。なんといっても、自分の畑まで歩いて行ける距離にあるのが最高です。すべてが理想どおりの場所です。

すぐに不動産屋に電話をして工業地域の物件を借りることを断り、この醸造場に決めました。この建物の外壁一面には大きく「馬屋《まや》上《かみ》農業倉庫」と書かれています。レトロな感じがうちの醸造場にはピッタリでしたので、そのままにしておくことにしました。

後日、「建物の所有」「農地の確保」「建物の用途を醸造場に変更する場合の設備のの改修」などの条件を満たすことができたため、醸造場の許可も無事に下りました。醸造場の周りに私の借りた畑二ヘクタールがあり、収穫した果実をすぐに加工するために必要であるという条項などに当てはまって、許可が下りたのです。

余談ですが、醸造場を決めた日、ほっとしたせいか数年ぶりにインフルエンザを発症してしまいました。三週間もの水のない極寒の生活の中、リフォームや会社の立ち上げ、政策金融公庫の借り入れなどさまざまな手続きに奔走したので、疲れが出たのでしょう。寒い部屋で数日寝込む正月となりました。

醸造器具をそろえる

醸造場が決まりました！　続いて醸造用の機材などをそろえていきます。このときのために、数年前から準備を進めていました。

普通にワイナリーを立ち上げるとなると、最低数千万円の資金が必要になります。もちろん私にはそんなお金はありません。昔から、「どうして日本のワイナリーは、大手ビール工場みたいなピカピカなものばかりなのだろう」と不思議に思ってきました。あんなに投資してしまったら回収するのにどれぐらいの年数がかかるか、わかったものではありません。

ワイナリーはマスメディアに取り上げてもらいやすく、高級フレンチなどでサービスされることから派手な印象がありますが、実際はただの農家です。売り上げだって、たかが知れています。年間一万本を生産して、一本二千円で売ったとして年間売り上げは二千万円。そこからすべての経費を払っていくわけですから、楽な商売ではないことがわかっていただけると思います。

フランスの私のワイナリーには、日本からも多くの若者が「将来ワインをつくりたい」と訪ねてきたり、研修に来たりしていました。私も昔はその一人だったわけで、情熱を持った若者は応援していきたいと思っています。他方、日本の田舎に目を向けますと、耕作放棄地が増え続けています。農業をやりたい若者がいて、土地がある。であれば、それが成功するモデルを提案すればいいのです。

こんな前提があり、いかに安くワイナリーを立ち上げるかを追求していきました。もちろん、ワインの品質はトップを目指します。ただ安かろう悪かろうでは意味がないですから。よいものをいかにお金を使わずに工夫してつくるか、ここにフランスでの経験が生きてきます。

私はフランスでサラリーマンをしながら（といってもワイナリーで、ですが）、週末に自分の畑を耕作し、最終的に独立するまで四年かかりました。サラリーマンとしての給料は大した額ではなかったですし、それとワインの売り上げを畑の道具や醸造器具をそろえるのに使っていたので、常に貧乏でした。

当然のことですが、新品は高くて、中古は安い。できる限り安い中古を探し、少しずつ道具をそろえていきました。最初のうちは師匠のティエリーが貸してくれたものも多いですが、いつまでも甘えているわけにはいきません。インターネットの中古サイトを毎日検索して、掘り出し物を少しずつそろえていきました。

フランスでは各農家で自家消費用のワインの醸造が認められており、納屋かガレージで少量のワインをつくっている人たちも意外といます。タンク、プレス機、樽があれば、ワインはだいたいつくれます。それほど複雑ではありません。

安いものを工夫すればヤフオクでそろう

フランスにいるときから、ヤフオクでウォッチリスト[*18]にずーっと入れておいたものがあります。いつ落札されてしまうかとドキドキしていましたが、二年ぐらい経っても誰も入札せず、再出品される際にたまに値下げされていました。

それは、中古の日本酒用のホーロータンクと牛乳用のバルククーラーです。

これらをワインの発酵用のタンクに使います。ホーロータンクは上部開放型で、葡萄をタンクに入れた後に行う「ピジャージュ」という作業（一八一頁参照）が可能です。足で葡萄をつぶす作業のことで、発酵中は葡萄の皮が二酸化炭素によって押し上げられてしまい、ワインと接触しないので、皮を押し下げて抽出するためと、ワインに浸かっていない皮の中に雑菌を繁殖させないために、一日に一度はピジャージュ作業を行います。ふたがないのでワインの貯蔵はできないのですが、地元の工場に頼んで、ふたをつくってもらいました。可動式のふたで、縁にゴムのチューブをつけて膨らま

*18 **ウォッチリスト（ヤフオク）**
自分が買いたい商品を登録しておくと、まとめて閲覧でき、値下げがあったときなどに知らせてくれる機能。

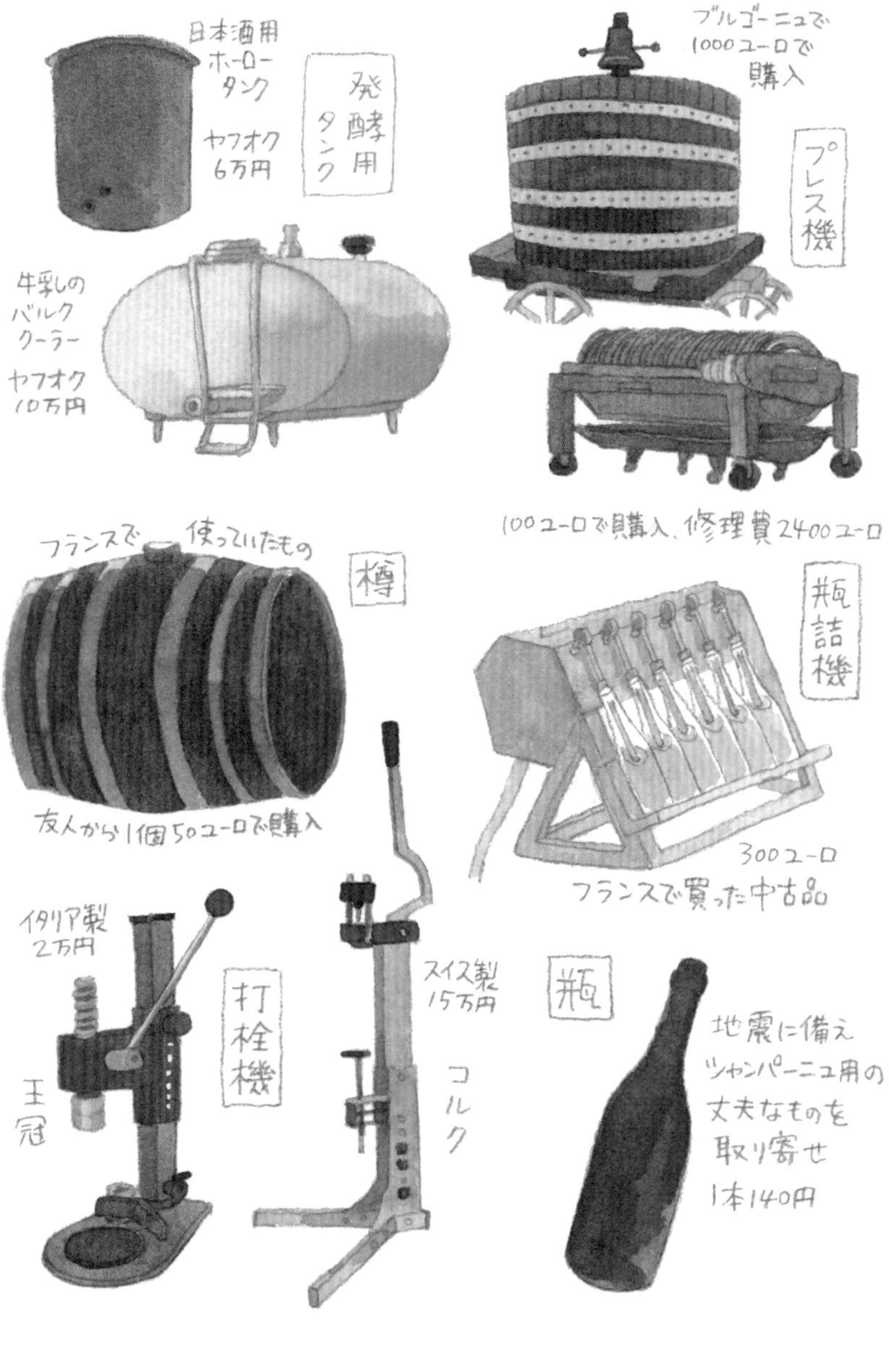
発酵用タンク
日本酒用ホーロータンク
ヤフオク6万円
ブルゴーニュで1000ユーロで購入
プレス機
牛乳のバルククーラー
ヤフオク10万円
100ユーロで購入、修理費2400ユーロ
フランスで使っていたもの
樽
友人から1個50ユーロで購入
瓶詰機
300ユーロ
フランスで買った中古品
イタリア製2万円
打栓機
王冠
スイス製15万円
コルク
瓶
地震に備えシャンパーニュ用の丈夫なものを取り寄せ1本140円

せれば、タンクを密閉できます。

このホーロータンクは大きいもので四千四百リットル。これを六万円で落札しました。中ぐらいのものは二千リットル、これは四万円。小さいものは六百リットルほどでこれは二万円でした。タンクの内部で少し塗装が剥げているものがありましたが、専用の補修材を使って直しました。ワイン専用のバルブをつけて、穴を開けてテイスティング用の小さい蛇口をつければ、立派なワイン用のタンクとして生まれ変わりました。

タンクの側面には日本酒のタンクとして使われていた当時の検定日が書かれており、私よりも年をとっているホーロータンクが醸造場内に並ぶことになりました。大きいタンクは殺風景だったので、子どもたちに魚のシールを貼ってもらってかわいく仕上がりました。これらは赤ワインの醸造に使います。

もうひとつの「バルククーラー」とは、あまり聞き慣れないかもしれません。酪農で使われるステンレス製のタンクで、搾りたての牛乳を入れるものです。牛の体温は三十八度ぐらいですから、搾りたての牛乳も三十八度ぐらいになります。このままの温度にしておいては牛乳が悪くなるリスクが高いですから、

左・写真左はフランスで購入した垂直式プレス機。右奥の緑色のタンクは、日本酒の醸造に使われていたもの。第二の人生がワイン醸造とは、タンクも想像しなかっただろう。

バルククーラーに入れて四度まで下げ、牛乳を集めるトラックが来るまで保管しておくのです。強力な冷却機能がついているステンレスタンクだと思ってください。

このタンクを十万円で落札しました。ヤフオクですから、冷却機能が使えるかどうかはわかりません（ノークレーム、ノーリターンが基本です）。使えなかったとしても、この大きさのステンレスタンクが十万円で買えるなんて、とても安い買い物です。新品だったら何百万円もしますから。

私の家から車で三十分ほど北に行ったところに、チーズ農家をなさっている吉田さんがいらっしゃいます。「吉田牧場」のチーズといえば日本全国で有名です。吉田さんは牛乳のスペシャリストですから、バルククーラーの業者も紹介してくださり、無事に設置も完了しました。冷却機能も無事に使えました。本来は四度に設定しておくものですが、プログラムを変えれば好きな温度に設定できるので、白ワインの醸造に使っています。

そういえば業者の方が、「このタンクはとてもよいステンレスを使っているから、くず鉄屋に持っていっても十万円はする」と言っていました。

熟成・貯蔵用の樽が置いてあるカーヴの空調もヤフオクで落札しました。プレハブ

右・酪農家が使うバルククーラーを、白ワインの醸造に使っている。ヤフオクで落札したものだが、冷却機能も問題なく動いている。

冷蔵庫用の冷蔵ユニットです。二十四万円で落札しましたが、これも新品でしたら百万円はゆうに超える品物です。

六百万円で醸造場ができた！

フランスから輸入した器具もあります。まずプレス機。大きいバスケット型垂直式プレス機、空気圧式プレス機のふたつを持ってきました。両方とも中古で買ったものです。それぞれ日本円にして、およそ十万円と一万円でした。そして手詰めの瓶詰め機。これも中古を三万円で購入したものです。あとは自分が使っていた樽です。樽はとても重要です。ワインの品質に直結していますから。プレス機、樽についてはほかの項でまた説明いたします（プレス機については次頁・一九〇頁、樽については一九七頁参照）。

そのほかの大きな買い物としては、中古のフォークリフトがあります。排気ガスが出るとワインに匂いがうつる可能性があるので、充電式のものにしました。タンクから樽へ（あるいは樽からタンクへ）ワインを移す際、ポンプを使ってくみ上げる方法がありますが、私のワイナリーではポンプを使わずにフォークリフトを利用し、高いところから下へ、重力を利用してワインを移動させています。

フランスから持ってきた器具の運送費まで含めても、岡山のワイナリーの醸造場内は約六百万円でできあがっています。

これぐらいの投資であれば、農業を行いたい若者が借金したとしても、比較的楽に

返していけるのではないでしょうか。最新の設備ではないので作業効率は悪いですが、手間と暇をかけていけば、品質的にはいちばんのワインがつくれるのです。

百年もののプレス機を使う

初めてこの垂直式プレス機を見たのは、師匠のティエリー・アルマンのところででした。ですから、私はこのプレス機をもう二十年以上も使用していることになります。岡山に持ってきたプレス機もまったくの同型で、つくられてからおそらく百年ぐらい経っていると思われます。普通、垂直式プレス機は「ダム」（dame）と呼ばれる大きなナットのような部品を、てこの原理を用いて、ゆっくり回して下に圧力をかけていきます。ところがこのプレス機は発売当時の画期的な最新モデルで、軸が回ることによって、このダムが下がっていくのです。軸にはたくさんの歯車が組み合わさっており、電気モーターでベルトを回してこの歯車を回し、目視では確認できないぐらいゆっくりとした速度でこの軸を回していきます。そしてもう下げられないほどの圧力になると、歯車が外れる仕組みになっています。とてもよく考えられています。

このプレス機のよい点は何か。それは、「搾ったワインが透き通っている」そのことに尽きます。垂直式プレス機全般にいえますが、葡萄の皮に圧力がかかると、ワインは果皮の間を通って、受け台に流れていきます。この果皮の間を通ってくるとき、圧力によりワインの通り道がどんどん狭くなり、フィルターをかけるような効果が生

右頁・プレスしたワインを樽に移す作業。フォークリフトでFRPタンクを持ち上げて、ホースで木樽に送る。樽はフランス時代から使っている古いもの。

まれて、出てくるワインが透き通ります。このためには、ゆっくりと圧力を上げていく必要があります。圧力をかけてワインが出てきたら、圧力をかけるのを止めます。ワインが出なくなってきたら、また圧力をかけます。ワインが外に流れ出た分、プレス機の中には隙間ができているので、また押せるというわけです。通常、プレス作業は二時間ほどで終わりますが、私はこの作業をゆっくり一晩続けます。途中でかき回したほうがより多くのワインがとれますが、私はかき回す作業をしたくないので、ただゆっくりゆっくり時間をかけて搾るのです。友人の生産者は、搾りにくい貴腐ワインなどだったら一週間ぐらい搾りっぱなしだそうです。

このように、品質的にはとてもよいワインが搾れる垂直式プレス機ですが、現代では水平式空気圧式プレス機にとって代わられています。垂直式プレス機には、プレスをかけるまでの準備作業と、かけ終わった後の解体と清掃にとても長い時間がかかる、という大きなデメリットがあるからです。

私たちのところのような小規模なつくり手は、そんなにたくさんの量を仕込むわけでもないので、ゆっくり時間をかけてプレスをしても、特に問題になりません。本来であればプレスしながら、チーズやハムをつまみながらワインを飲んで、みんなで楽しく過ごすものなのでしょう。そんな光景が目に浮かぶような年季の入ったプレス機が、私のところにあるのです。

思い出の詰まったプレス機を譲り受ける

日本に持ってきたこの垂直式プレス機は、インターネットで個人が売りに出していたものでした。私は頻繁にオークションのサイトをチェックしていましたので、このプレス機を見つけたときに、とてもうれしかったのを覚えています。博物館にあってもいいような年代物ですから、状態のよいものはもうほとんど残っていません。

落札したプレス機はブルゴーニュのつくり手が所有していました。もう長いこと使用されていなかったようですが、納屋に大切に保管されていて、ちゃんと動きました。パーツもすべてそろっていました。売主にお金を支払い、これを自分のトラックに積み込み始めると、家の中から老婦人が出てきて、私の作業を見守っています。無事に積み終わり、ラッシングベルトでプレス機を固定し、出発できる状態になったので、最後の挨拶に行きました。売主は笑顔ですが、老婦人はなんと涙ぐんでいるではありませんか。瞬時に、これがこの家に昔からあるもので、老婦人が若かったころに使った思い出のたくさん詰まった愛着あるプレス機であることを理解しました。「大切に使います」と言い残してそこを後にしましたが、サイドミラーには最後まで見送っている老婦人の姿が映っていました。私は「ドナドナ」の歌に出てくる牛を運ぶ運転手になったような気持ちになり、悪いことをしているような錯覚さえ覚えました。

このプレス機をどうやってコンテナに積み込むか、師匠のティエリーと一緒に悩みました。真ん中の軸の背が高くて、コンテナに入りません。軸を取ればいいんだと二人でいろいろとやってみましたが、どうやって外すかもわかりませんでした。部品を組んだ後に溶接されているようで、どうやっても取り外せないのです。日本行きのコンテナは翌日にはコルナスにやってくる、という状況です。なんとしても積み込まないといけません。長い時間格闘した末、軸を外すことは諦めました。横に倒したらどうかという案があったのですが、横に倒すと今度は受け台が縦になり、結局高さをクリアできません。では斜めに固定したらどうだろうと、樽を置くラックを使い斜めに固定したところ、軸も受け台もなんとか高さギリギリで通りそうです。凸型のプレス機を無理やり斜めにした格好です。夜遅くまでかかりましたが、すべての積み込み準備が終わり、翌朝のコンテナの到着を待ちました。午前中に積み込みを終えて、夕方のリヨン発の飛行機で帰国する予定でした。

ところが翌朝、待てども待てどもコンテナが到着しません。業者に電話をしてもつながらず、お昼前にやっと連絡がつきました。すると、「コンテナを持っていくのをすっかり忘れていた」と言うではありませんか。「いまから違うコンテナを持っていくから待ってて」と。やられた。ここはフランスだった。このようなことが実際にあり得るのです。余裕をもって予定を立てなかった私が悪いのです。午後三時ごろにコンテナが到着したので、もうすっかり飛行機は諦め、一つひとつ丁寧にコンテナに積み込み、写真を撮りながら、積み込み作業を終えました。最後にコンテナの扉を閉め

左頁・フランスで購入したプレス機二種。手前は水平式の最初期のモデル、奥がそれよりも古い垂直式。水平式は一九六〇年代、垂直式はおそらく二十世紀初頭のもの。

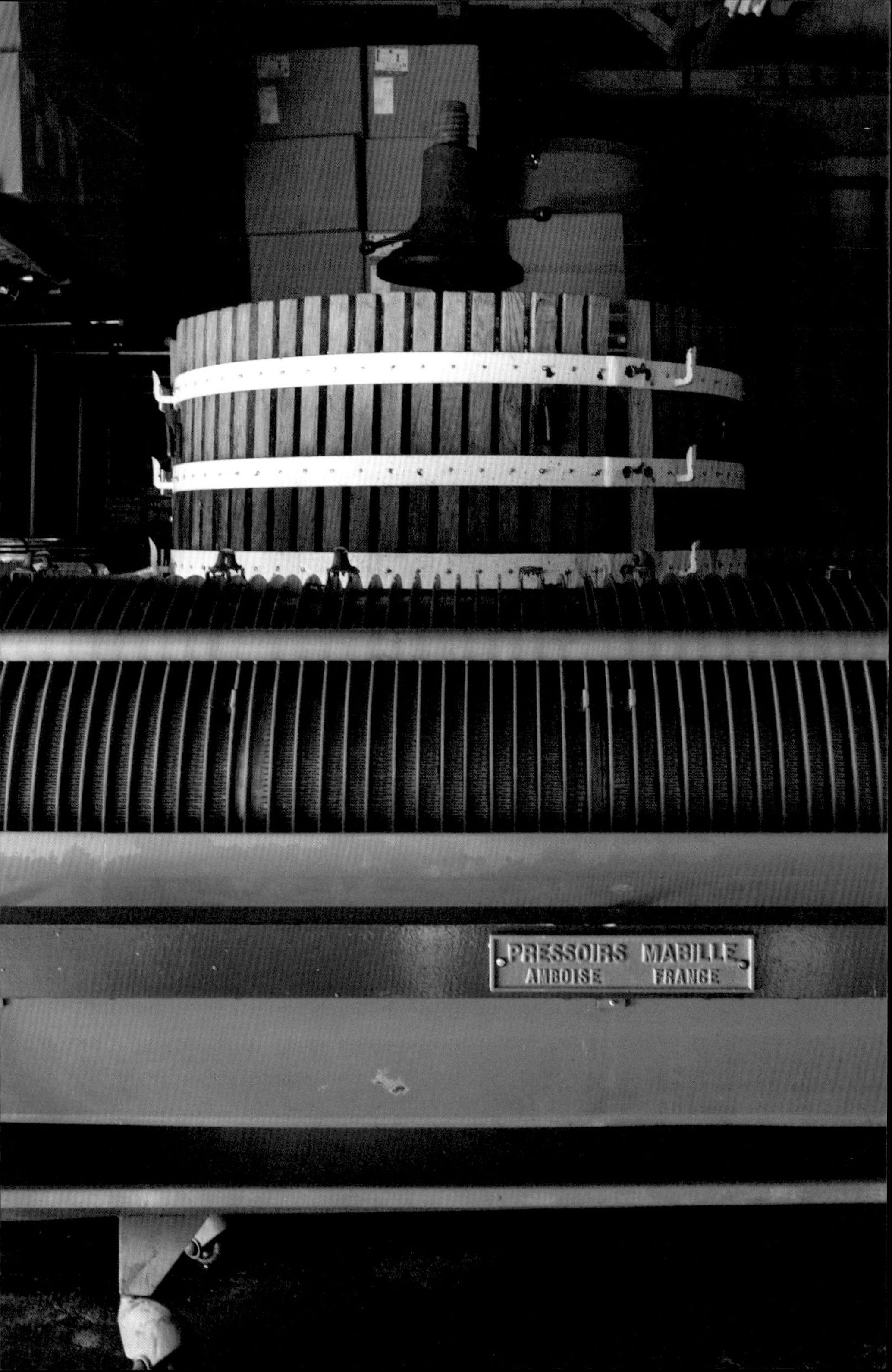
PRESSOIRS MABILLE
AMBOISE FRANCE

て鍵をかけたときには、もう飛行機が飛び立った時刻でした。思いがけない一日延泊を、積み込みを手伝ってくれた友人とおいしいワインを飲みながら楽しみました。

約二か月弱で、コンテナは神戸の港に着きました。ここでコンテナが検査のために開けられるかどうか、それによって費用が変わってきます。開けられて困るようなものは入っていませんが、その検査費用が請求されてしまうのです。初めての輸入だからおそらく開けられるだろうと覚悟をしていましたが、運よくX線検査だけで通過できました。積み込んだときの写真をそのまま税関に提出していたことと、輸入を手伝ってくださった方々の信用があったからだと思います。

岡山にコンテナが到着し、降ろすときも、プレス機が重すぎてフォークリフトのお尻が上がってしまい、みんなでフォークリフトの後ろにぶら下がって、バランスをとりながら降ろさないといけなかったりと、いろいろと苦労をしました。

そんなたくさんのエピソードがあるプレス機が、いまは岡山にあります。レストア（復旧）もしっかり行い、現役で活躍しています。これからもたくさんのエピソードを刻んでくれることと思います。

ガラス温室のある岡山の風景

岡山に初めて来たときに、驚いた風景があります。農村のなだらかな斜面に、いくつかの見慣れない建物が肩を寄せ合っています。風景に溶け込んでいるので、興味のない方はなかなか気づかないかもしれません。それが「ガラス温室」です。近代のアルミとガラスを使ったメタリックな印象の温室ではなく、木と土壁を使った、切妻屋根の築五十年以上は経っている温室です。実はこのガラス温室を使ったマスカット・オブ・アレキサンドリア（以下アレキ）の栽培には、およそ百三十年の歴史があるのです。

明治時代、日本は欧米諸国に追いつこうとさまざまな産業を展開していきました。そしてフランスが豊かな理由は、やせた土地で葡萄を栽培してワインをつくっているからだろうと、国家プロジェクトとして、ヨーロッパ品種の葡萄の栽培とワイン醸造を目的とした「播州葡萄園」を兵庫県につくりました。三十ヘクタールの土地にヨーロッパの品種を中心に百種類以上、それを垣根仕立てで植えた国営ワイナリーです。レンガ造りの醸造場や、地下貯蔵庫、蒸留施設もあったそうです。欧米化政策の一環ですが、ワインをつくることによって、お米をお酒ではなく食用に確保する狙いもあったようです。現在は同じ理由で、中国がワインをたくさんつくり始めています。二〇一四年には葡萄の栽培面積で世界第二位になりました。

播州葡萄園が開園してから数年後にはガラス温室が建てられ、良質な葡萄が採れるようになっていました。順調に進んでいた国営ワイナリーですが、そこをフィロキセラ（ブドウネアブラムシ）が襲います。ヨーロッパの葡萄畑に壊滅的な被害をもたらしたこの虫は、苗木とともに日本にもやってきていたのです。そしてさらに追い打ちをかけるように台風の被害が重なり、この葡萄園は民間に払い下げられ、後に廃園となりました。

播州葡萄園が順調だったころに、葡萄栽培を志して何度も訪れていた、旧備前藩士で園芸家の大森熊太郎が苗木を岡山に持ち帰りました（当時、仕事を失った武士のために土地を開墾して、就業させるという意味合いもあったといいます）。そして同じく旧備前藩士で園芸家の山内善男とともに、一八八六年にガラス温室でアレキの栽培を始めました。それが、いまの岡山の葡萄栽培につながっています。もし彼らがいなかったら、または数

左頁・富吉地区のガラス温室。手前の三棟で葡萄を栽培している。入口側（妻面）の壁は板張り、側面（平面）は土壁でできている。ガラス屋根には開閉式の天窓があり、温度調節ができる。

年遅かったら、フィロキセラにやられて岡山の葡萄栽培はなかったことでしょう。

アレキはヨーロッパ品種なので病気に弱く、露地では栽培ができません。ガラス温室という雨をよける施設ができたことによって、栽培が広まり、生き残ることができたのです。当時、ガラスはとても貴重で高価なものでした。ガラスに覆われた温室は、それはそれは高価なものでした。相当な覚悟と勇気がなければ、この初期投資はできなかったことでしょう。

その後の絶え間ない技術の研鑽、粒の大きい品種への選抜などが岡山を葡萄王国へと変えていきました。私が住んでいる富吉地区は斜面が多いため、水田が少なくて貧しい村だったそうです。とても食べていけないのでアメリカに出稼ぎにいく若者もいたと聞きました。貨物船に乗って、港に着く前に検査を逃れるために泳いで渡ったというエピソードも聞いたことがあります。彼らはアメリカの農家の豊かさを見て、農家の在り方を見つめ直し、帰国してから葡萄栽培に投資をし、成功していったそうです。やがて富吉地区は岡山でいちばんの葡萄産地になり、立派な家が立ち並ぶ集落になりました。しかしその後、高齢化とシャインマスカット（以下シャイン）の隆盛により、アレキの栽培はどんどん減少していきました。

葡萄の実を整える大変さ

ここで少し、アレキとシャインの栽培方法と作業時間の違いに触れておきましょう。

この違いがわかれば、アレキ栽培が減少していった理由もわかっていただけることと思います。

アレキの栽培はとても手間がかかります。具体的にいうと、〇・一ヘクタール当たり約千三百時間かかるとされています。葡萄の栽培時期は夏に限られていますので、シーズン中はいかに忙しいかがわかってもらえると思います。これは主に、葡萄の房の形をつくる作業に費やされます。葡萄は自然界ではダラッと垂れ下がっているもので、デラウェアなどを想像してもらえるといいかと思います。これを手間暇かけて、丸いリンゴ型に仕上げていくのです。葡萄の花はとても小さいのですが、それを間引くように切っていき、形を整えます。そして実が大きくなっていく過程でも、実がバランスよく大きく配置できるように、何回も実を取り除き、形を整えていくのです。葡萄は棚からぶら下がっているので、作業中はずーっと手を上げて、見上げる姿勢が延々と続きます。温室内は風通しがいいとはいえず、サウナに入っているような状況です。高齢の方にはつらい作業ですし、小さい花などを見なくてはいけないので、老眼になるとより一層難しい作業になります。このような作業を経て、高級葡萄として出回る美しい形ができあがります。

シャインも同様に手間がかかるのですが、やり方がアレキとは違います。葡萄を大きくするために、花にホルモン剤をつけるのです。このホルモン剤がついた植物は種をつける作業をせずに、「もっと大きくならなくては」と成長を続けます。この花の上部を全部取り除き、下の部分だけを残してさらに大きくしていきます。作業時間はアレキと比べると三割ほど節約できます。

農家にとっては、作業が少ないだけでも魅力的な葡萄です。販売価格を見ても、市場では種がなく甘い葡萄が人気ですので、シャインのほうが高価になっています。仕事が少なく高収入を得られるとなると、アレキをやめてどんどんシャインをつくろうという農家が増えるのは当然のことです。アレキを続けている方たちは、いまさらシ

生食用(上)は、一つひとつの粒が大きく、全体の形がよくなるように手間をかける。対してワイン用(下)は、年をとった木のまばらで小さい実のほうが皮の比率が高く、ワインに与える要素が多いため、価値がある。

ャインに植え替えても、葡萄が採れるまでに四年から五年がかかるから、それならこのまま続けていこうという高齢の方々が多いです。中にはホルモン剤を使いたくない、アレキのほうがおいしいからという方もいらっしゃいます。

葡萄の木は年をとってくると、小さい実をつけます。小さな実は食用としては価値が低くなりますが、ワイン用としては価値が高いのです。実が小さいとその分、皮の比率が高くなり、ワインに与える要素が増えるからです。「小さな実には価値がないから」と古くなった葡萄の木を切ってしまうことが多いのですが、そこをなんとか踏みとどまってもらって、房の形を整えないワイン用の葡萄の栽培へと切り替えてもらえるようにお願いしています。ワイン用なら房には一切触らないので、作業時間は六分の一ほどになります。手間をかけなくていいのです。ダラッとした自然な形のほうが、風通しもよく、実が腐りにくくてよいのです。

こうした説得をしたかいもあって、アレキの栽培をやめようとしていた方々が「それならばワイン用にしよう」と続けてくださるようになりました。現役の方に仕事を長く続けてもらえれば、それだけ耕作放棄地も減るというわけです。

ガラス温室と植え方をめぐる不思議な縁

私は葡萄の栽培に適した土地を探した末、岡山に移住したので、アレキに特別な思い入れがあったわけではありません。ですが、富吉地区はかつてアレキの一大産地で、

次頁・ガラス温室内部。ガラス温室には雨に弱いヨーロッパ品種を植えている。ここはシラーを植えた温室で、収穫が終わったところ。ガラス屋根が雨漏りしたために、雑草が茂った。

アレキの栽培が始まった歴史ある場所であったことを後から知り、私がそこでワインをつくることによってアレキの栽培が続いていくということに、何かのご縁を強く感じます。岡山の山沿いの集落ですが、アレキの導入につながったフランスからの流れ、チャンスをつかむためにアメリカに渡った方たちの挑戦など、とても国際的なつながりがあることも不思議に思いました。

現在、私もガラス温室で栽培をしています。もう使われていなかったガラス温室が数棟あり、これを利用しないのはもったいないと思ったからです。利用しなければ朽ちていくだけで、最終的には温室を倒すしかありません。ガラスは産業廃棄物ですので、倒すにしてもかなりの費用がかかります。それなら、直しながら使っていこうと決意しました。

温室の中には、病気に弱いヨーロッパ品種、特にローヌ地方で慣れ親しんだシラーを植えようと思いました。温室内は雨が降らないので水を定期的にあげなくてはいけません。でも、私は水やりをしたくありませんでした。手間がかかるという理由もありますが、フランスで灌水《かんすい》が禁止されていたので、無意識のうちに灌水に対して抵抗感を覚えていたのでしょう。ワインはその年の気候を反映する飲み物です。暑い年もあれば、寒い年もある。飲めばそれがわかるのです。水をあげてしまうと、乾燥した年という特徴を消してしまうことになります。テロワールの概念に反するのです。

では、どうしたらよいのだろうか。そのとき、昔訪ねた葡萄畑の姿が思い出されました。ロワールにあるクロ・クリスタルという畑です。修道院が持っていた眺めのいい丘の斜面にこの区画はあります。現在は地球温暖化の影響でロワールの気温も南仏のように高いのですが、この地方のヴィニュロン、アントワンヌ・クリスタル（Antoine CRISTAL）が所有していた十九世紀当時はまだまだ寒かったのです。カベルネ系の葡萄は完熟するとすばらしい香りを放ちますが、未熟だと「ピーマン臭」といわれる青い香りが出ます。ロワールの赤ワインにはよくある香りでした。

アントワンヌは葡萄を栽培していくうちに、あることに気がつきました。段々畑の石積みの壁（擁壁）の近くの葡萄が、ほかのものより熟していたのです。石壁が太陽光を反射し、石自体も熱を帯びていたからです。アントワンヌはこの現象を利用しようと、畑の中に壁を建てました。壁の下のほうには、ところどころ穴があります。その穴に葡萄の幹を通して、光と熱が多い側に葡萄をはわせて栽培していたのです。つまり、根と葉は壁を挟んで違う場所にあるわけです。

同じことを私もガラス温室でもやってみようと思い、温室の壁際に葡萄を植えました。温室の中には、生食用は二、三本の苗しか植えませんが、ここでは葡萄同士を競合させるため、葡萄の本数を多く植えました（三十本ほど）。葡萄の葉は温室内を伸びていき、根っこは温室内には水がないため、外に出ていきます。晴天が続けば水と養分を探して、根は地中深く伸びていきます。これで、その年の気候とテロワールが表現されるはずです。

ガラス温室の中の葡萄は、温室内には水がないため、水を求めて根を外へと伸ばしていく。晴天が続くと、地中深くまで伸びていく。

この方法で栽培を始めたのは二〇一七年ですが、順調に成長して、いい葡萄が収穫できました。雨を防げるのでべと病などの心配もなく、開花前にボルドー液[*19]を一回散布しただけです。葡萄の房には一切触れていないことになります。これからどうなるかはわかりませんが、現時点ではかなり満足しています。

あるとき、東京から友人が遊びに来てくれたことがあり、近くにあるアレキ栽培の「原始温室」[*20]を見学に行きました。岡山市と津山市をつなぐ国道沿いにあることは知っていましたが、一度も訪れたことがなかったのです。

石積みの壁の上にガラスの天井を張った、車一台分ぐらいの大きさの温室が復元されていました。アルミの骨組みにガラスがはまっていて、ちょっと違和感を覚えます(当時は木の枠組みだったはずです)。扉を開けて中に入ると、ちゃんとアレキが栽培されていて、実をつけていました。どなたかが手入れをしているのでしょう。この温室に何本の木が植えられているのかを確認しようとしたところ、見渡しても木の根元が見つからず、どこにあるのか不思議でした。

葉があり、実があるのだから、枝をたどっていけば根元に通じているはずです。地面近くにある幹をたどっていくと、一か所に集まり、どこかへ消えていきます。慌てて外に出て確認すると、なんと、外に植えられた木が、壁の穴を通って中に入っていました。灌水施設がなかった当時、この方法で葡萄の根は外の雨水を吸収し、枝は雨があたらず病気になりにくい温室内で育っていたのです。

*19 **ボルドー液** 殺菌剤として使われる硫酸銅と消石灰の混合溶液。
*20 **原始温室** ガラス温室での葡萄栽培が始まった一八八六年当時の姿を復元したもの。岡山市北区栢谷(かいだに)にあり、無料で見学できる。

私が行った植え方は、奇しくも百三十年前の植え方とほぼ同じだったのです。自然派ワインのつくり方は原点回帰が基本となっています。私はフランスで得た知識と経験という道筋を通りましたが、たどり着いた答えは百三十年前の岡山でのやり方と同じなんて、おもしろいと思いませんか？

さらに詳しく調べたら、クロ・クリスタルの「石壁」方式をアントワンヌが発明したのは、一八九〇年のことでした。岡山で原始温室がつくられたのは一八八六年ですから、日本のほうが早かったのです！　地球の反対側で同時期に同じことを考えていた人たちがいたと思うと、これもおもしろいですよね。

左・昔のガラス温室を再現した「原始温室」。葡萄の根はガラス窓の外にあり、果実はガラス温室の中で育つようになっていた。

2

栽培醸造家という仕事

——ワインのための葡萄を育てる

自然派ワインと葡萄栽培

自然派ワインのつくり手は、「葡萄《ぶどう》の品質がいちばん大切だ」と言います。「ワインの原料なのだから当たり前だろう」と思いますが、実はもう少し深い意味があります。自然派ワインを理解するためにとても重要なことなので、栽培の話に入る前に説明しておきます。

亜硫酸を入れないワインをつくるためには、どうしたらよいでしょうか？　物理的に亜硫酸を入れなければいい。では質問を少し変えて、亜硫酸を入れずとも健全さを保ったワインをつくるためには、どうしたらいい？　それには、葡萄自体が健全で、成分のバランスがとれていて、葡萄の周りにいい微生物がたくさんいることが重要です。

左頁・葡萄の花。丸い緑色の部分がめしべ、白い糸(花糸)の先に黄色い葯(やく)がついているのがおしべ。

では、そのような葡萄を収穫するためにはどうしたらいいでしょうか？　いい畑に葡萄を植えて、化学肥料を使わず、除草剤を使用せず、殺虫剤はもちろん、化学農薬も使用しないことです。これらを多用すると、葡萄自身はもちろんのこと、葡萄の周りの微生物層にも影響を及ぼします。葡萄に健全な微生物がつくようにするためには、葡萄畑の土を健全にしなくてはいけないのです。このようにすべての作業がつながって、自然派ワインができあがっています。それで、生産者は葡萄畑での仕事を熱く語るのですね。このことを理解していただけたら、栽培の話も少し違ったふうに見えてくると思います。

大切な葡萄の花

葡萄の花はとても小さく目立たないので、知らない人は、これが花だとは気づかないくらいだと思います。「小さな白い花」と一般的にいわれますが、花びらもなく、めしべの周りにおしべがあるだけ。香りも控えめで、アカシアなどと同系統の香りですが、その半分の強さもないと思います。派手さはないですが、ワイン生産者にとってとても大事な花であり、花の時期も大切なのです。

開花の時期（日本では六月ごろ）に雨が続くと、受粉がうまくいかず、花ぶるい[*1]といった結実不良になり、生産量が落ちます。葡萄品種によって耐性が違い、グルナッシュなどは花ぶるいを起こしやすく、栽培者は天気が悪いとちょっと神経質な気分になり

***1 花ぶるい**　強すぎる樹勢や寒さなどの原因によって、開花後に花が落ち、実がまばらについてしまう状態のこと。

ます。
この時期の葡萄は病気にも弱いです。いままで花冠《かかん》*2の中にあって守られていた部分が裸で外に飛び出してくるので、ここは農薬に守られていません（葡萄の中に入る化学農薬は別ですが）。ここが葡萄の実になるわけで、これを大事に守っていかなくてはいけません。

一般的には、葡萄の持つエネルギーを花に集中させるため、枝の先端を取り除き、成長を止めるように促します。垣根式で仕立てている畑なら、この時期に葡萄の先端が誘引の鉄線を超えてくる、というのが樹勢のバランスがとれた畑ということになります。

開花した葡萄を見つけたら、その日付を記録します。そして最後の花が咲いた日付も記録し、ちょうどその中間を「開花日」として設定します。地域にもよりますが、だいたい開花日の百日後が「収穫」ということになります。そのため、最初の花を見た時点で、ワインづくりのイメージが始まりま

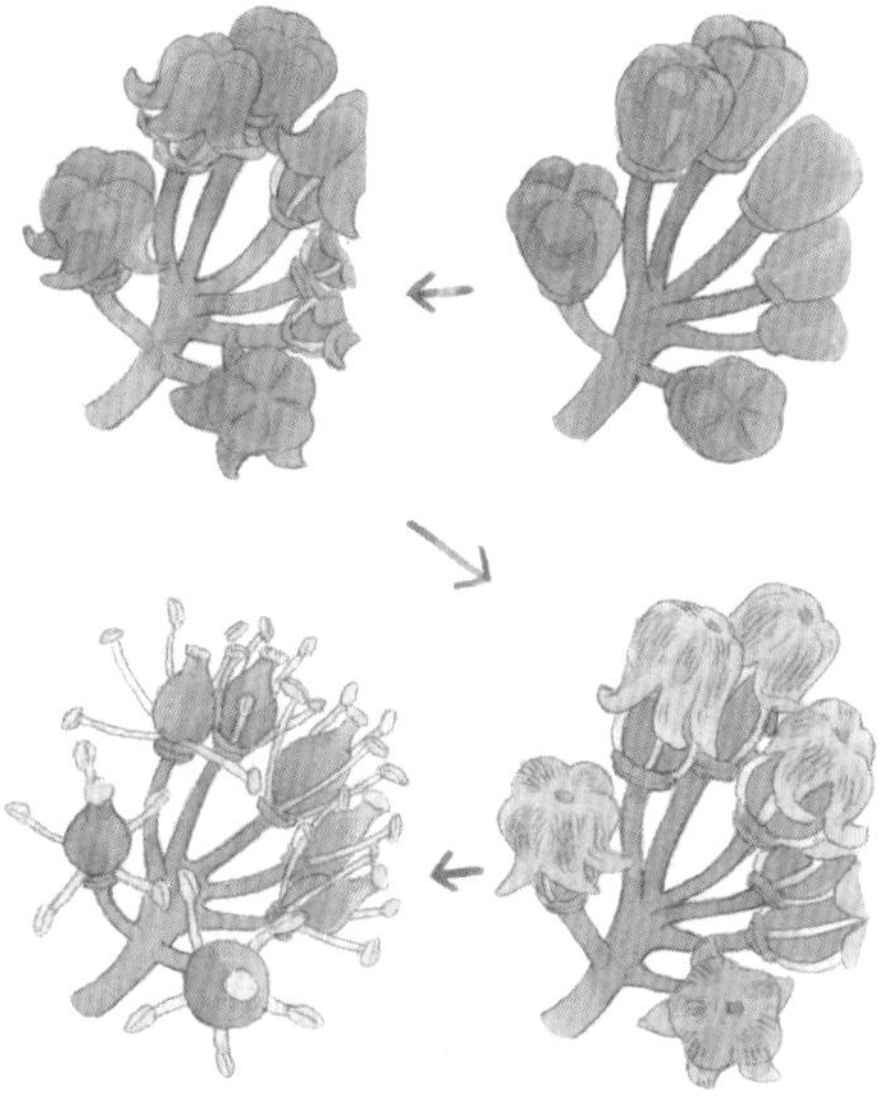

右上・葡萄の花のつぼみ。花冠はまだ濃い緑色。左上・つぼみが下のほうから開き始める。右下・花冠が色づき、徐々に押し上げられていく。左下・開花。花冠が落ちて、めしべとおしべが見える。

＊2 花冠 花弁、いわゆる花びらで構成された器官のこと。

す。開花が早ければ、夏の暑さがまだ残っているうちに収穫となり、糖度が高く酸が低くなりそうだな、とか。生産者はだいたい遅めの収穫を好みます。それにもかかわらず、地球温暖化の影響で年々収穫日が早まっています。「昔はよかった」というと年寄りに聞こえますが、ワインづくりにおいてこれは事実なのです。

気温が葡萄とワインの味を左右する

なぜ遅めの収穫日がよいのかを説明しましょう。秋が深まり、ゆっくり時間をかけて熟した葡萄は夜の寒さのおかげで、酸がしっかり残っています。日中の温度もそれほど高くないので、葡萄が冷たいまま醸造場へ運ぶことができます。その葡萄を発酵用のタンクに入れると、外気温も低いためゆっくりと発酵がスタートします。発酵によって熱が溜まるので温度が少しずつ上がり、活発化して、抽出も緩やかに続きます。ちょうど発酵が終わったころにタンクから出せば、適度な抽出を終えたワインのできあがり、というわけです。クリスマスには樽のふたをしっかりしめて熟成に進め、一年の仕事が終わりとなります。

これが地球温暖化によってどういうことになるかというと、夜の気温が高く酸が落ちるのが早い。タンニンなどの熟成も進まない。タンニンの熟成を待っていると糖度がどんどん上がってしまって、アルコール度数の高いワインになってしまいます。糖度が高くなると、発酵条件が悪く酵母が働きづらくなり、発酵の後半はアルコールによって酵母の働きも阻害されます。もっというと、酸がなくpHが高い状態なのでほかの微生物が動きやすい状況にもなり、ワインがお酢になるリスクが高まります。

さらに、気温が高いので葡萄自体が熱く、そのままタンクに入れてしまうと、発酵温度もどんどん上がっていきます。あまりにも上がってしまうと発酵が止まってしまうこともあります。抽出もどんどん進むので、アルコール度数の高い、タンニンが豊富な筋肉質なワインになってしまうのです。

ですから、ワイン生産者は「昔はよかったなあ」と思いながら開花を眺めます。

これはフランスの言い伝えなのですが、開花の時期にはあまりワインを飲まないほうがよいといわれています。なぜなら、この時期は「ワインが動く」、つまり変化するといわれているのです。収穫時期、つまり発酵中も同様のことがいわれます。科学的には証明されていませんが、いつも飲み慣れているワインが「あれ？　ちょっと変わった？」もしくは「若干荒れてるな」となるのがこの時期なのですね。植物が変化する時期にワインも変化する。植物のサイクルがそのまま受け継がれているのかもしれません。

そのため、この時期にとっておきのワインを開けることは控えます。収穫中は人が多くお祭りの気分なので、本当はよいワインを開けたいのですけどね。

そして開花といえば、新品種をつくるための葡萄の交配の時期になるのですが、それは長くなるので別項（一四三頁参照）で。

収穫日の決定が難しいわけ

栽培醸造家のいちばん大事な仕事は、収穫日を決めることにあると思っています。収穫した葡萄をワインにすることは、もちろん重要なのですが、原料の品質以上のワインはどうやってもつくれません。あるものの中で最善を尽くすわけです。料理人に似ていますね。

一方、料理人と大きく違うところがあります。原料が毎日変化していくことです。そして、自分の理想とする味わいのバランスがとれたときに、収穫をすることになります。

収穫日を決定する要素はたくさんあります。まず葡萄だけを見てみましょう。
開花後、受粉を経て、葡萄の実ができ、大きくなっていきます。どんどん大きくなるかというと、ある程度のところで止まり、その後、色づき始めます。そして葡萄が甘く熟していきます。

光合成によって得たエネルギーを糖として溜めていくので、葡萄は日に日に甘さを増していきます。それと相反するように、酸味は日に日に落ちていきます。この糖度と酸味のバランスがまず基本の要素となります。成熟の指標として「糖分／酸」（糖と酸の比率）の値が有名ですが、数値が高いほど成熟が進んでいることになります。葡萄の分析は通常一週間に一回行い、酸の指標としてpHも測ります（糖は糖度計で測り、酸はラボで分析してもらいます）。糖分が上がることによってアルコール度数の高い、強いワインになりますが、酸がなくなると重い味わいになってしまいます。

ふたつ目の要素はタンニンです。ここには色素のアントシアニンも含みます。葡萄が成熟するとともに、タンニンの量も増えていきます。色は緑からピンク、赤、紫、黒とだんだん濃くなっていきます（これは品種によってだいぶ違いますが）。タンニンの量だけを見ていればいいのかというと、違います。タンニンの抽出のしやすさ、またその品質（重合度）[*3]も大事です。成熟とともに抽出率や重合度も上がっていきます。熟せば熟すほど、品質のよいタンニンが簡単に抽出できるというわけです。成熟とともに果皮が柔らかくなっていくことからも想像していただけると思います。これらも分析して数値を見ていきます。醸造家はよく種を割ったり、かんだりしていますが、これはタンニンの質を確認しているのです。

＊3 重合度 同じ種類の有機化合物の分子が結合してできた重合体の、ひとつの分子中に含まれる単量体の数。タンニンの品質を判断するのに使う。タンニンは、お互いにくっついて大きくなることで、味わいが「丸く」感じられ、品質がよくなる。

次頁・「一文字しだれ仕立て」（一三三頁参照）の葡萄（小公子）越しに見る空。果粒がまばらについているので、風通しがよく、病気になりにくい。

ほかには香りの熟成、窒素分《ちっそ》などの要素も見ていきます。香りはそのままの意味なのでわかりやすいですよね。窒素分は、発酵のときに酵母が必要とするご飯だと思ってください。成熟が進んでいくと、窒素分は減っていく傾向にあります。土壌の成分によっても変わってきます。乾燥していると少ないケースが多く、注意が必要です。

収穫日をめぐるたくさんの軸と要素

これらのたくさんの要素が、完熟時にそれぞれのピークでそろうという品種が各地で栽培されてきました。北ローヌでいうとシラー、ブルゴーニュでいうとピノ・ノワールなどですね。それが、近年の地球温暖化によって、各要素のピークがずれるという現象が起きています。具体的にいいますと、糖度は高く、酸は低いので収穫適期なのですが、タンニンが成熟していないというパターンが多いです。このままワインにしてしまうと、タンニンが荒く、渋いワインになってしまいます。そこでタンニンの成熟を待つのですが、すると糖はさらに上がり、酸はさらに落ちて、バランスを欠いたワインになってしまいます。そのため暑く乾燥した新世界（アメリカなどのワイン新興国のこと）などでは、発酵前の補酸*4が行われることが多いです。

簡単にまとめましたが、ここまでが葡萄に関する要素です。私など葡萄を丸ごと醸造する者にとっては、果梗《かこう》*5の成熟というポイントも重要になってきます。

これらの基本要素に、天候というまったく軸の異なる要素が入ってきます。雨が降

*4 **補酸** 酸の低い葡萄果汁に酒石酸などを加えて酸度を上げること。

*5 **果梗** 葡萄の柄やへた、茎、軸などの実以外の部分のこと。果梗を取り除くことを「除梗（じょこう）」といい、逆に果梗がついたまま発酵させることを「全房発酵」という。

れば葡萄は水を吸い上げ、糖度は落ちます。だいたい雨の翌日、翌々日に数値が落ちます。そして雨が続く状態になれば、水を吸い続け、葡萄の実が割れることがあります。割れる原因はほかにもあり、うどん粉病*6などの病気や、ハチなどの虫、小さいガの幼虫が穴を開けるなどが多いですが、雹《ひょう》が降ったなどという悲しいこともあります。

割れた葡萄の上に雨が降ると、腐り始めます。腐ってしまったら、その粒を一粒一粒外していく「選果《せんか》」の作業が追加されます。選果したとしても、もともと健全な葡萄よりも品質的には劣りますので、腐る前に摘むことが重要です。葡萄が完熟に近づけば近づくほど、果皮が柔らかくなり、割れやすく腐りやすくなります。

そういうわけで、醸造家は収穫が近くなると天気予報と毎日にらめっこをします。「まだ完熟ではないけれど、これから雨が続くから、この日に収穫しておいたほうがよいか」とか、いろんなことを想定しています。

そして、さらにまた別の軸があります。労働力のオーガナイズです。この日であればこれだけの人出が見込めるが、その日が葡萄の熟成にピッタリ合っているとは限らない。大きなドメーヌになると収穫にも多くの人出を要しますので、一か月前ぐらいに収穫日を決定する必要があります。このときの目安になるのが、開花の日にちです。開花日のだいたい百日後ですね。最後の一か月の天気が悪く、太陽が出なかったとしても、収穫日はもう決まっているので収穫が早すぎても摘まざるを得ないですし、また、逆に猛暑になってしまって過熟になってしまうこともあります。

＊6 うどん粉病　糸状菌の一種が原因とされる病害。うどん粉(小麦粉)を振りかけたような白いかびが生える。葡萄の表皮の成長が妨げられる一方で果肉は成長するので、実が割れてしまい、干からびたような実になる。

それに醸造場の仕事も関連してきます。葡萄を摘んだとしても、プレス機が満杯でこれ以上受け入れられないこともありますし、タンクの大きさなども関係してきます。一度タンクに入れ始めたら、なるべく数日以内に満杯にするようにします。大きなタンクで少量の葡萄を醸造すると、お酢になるリスクが高いからです。ワインの瓶にちょっとだけワインが入っているような状態を想像してください。

というように、いろんなことが関わりあって、収穫日を決めるわけです。人によっては、これにメディア取材であったりほかの仕事であったり、さらなる要素が重なります。

葡萄を自分の思う完熟度合いで摘みたい。誰もが思うことですが、実際にはとても難しいのです。天候は受け入れるしかありません。理想をいえば、いつでも好きなときに収穫チームを投入できるような体制を整えることですが、待機している間の給料を払う余裕はなかなかありませんから、それも難しいのです。

うちでは幸い、少人数で好きなときに葡萄を摘んでいます。予定していた収穫を中止することもざらですし、突然収穫を始めることもあります。たくさんの方々から収穫のお手伝いのオファーをいただくのですが、こんなわけでまったく予定が立たないので、お断りするしかない状況です。ご理解ください。

日本で葡萄を育てるには

葡萄の仕立て方をどうするのか？　それが私の中で最も難しい問題でした。

仕立て方とは、樹形を整えて育てやすい形にすることですが、フランスにいるときは「エヴァンタイユ」という少し変わった仕立て方を採用しました。ゴブレとコルドンの中間みたいな仕立て方で、手の指を開いたような形です（次頁参照）。地上から三十〜四十センチの高さのところで葡萄の枝を開いていき、その上に鉄線をはわせて、垣根仕立てにしました。フランスではなるべく葡萄の幹を小さく仕立て、余分なエネルギーを消費させず、葡萄に集めようという仕立て方が多いです。垣根を高くすれば葉っぱの面積を大きく取れて、光合成がたくさん行えるので、糖度の高い葡萄が採れるのです。

ただ、このように葡萄を地面近くに集めますと、雨が降らず湿度の低いフランスには向いていますが、高温多湿で、しかも雑草の生えるスピードが速い日本では、病気にやられるリスクが高いです。

自然農法の第一人者、福岡正信[*7]さんの御本を拝読すると、「木を剪定《せんてい》してはいけない」という基本方針が書かれています。木自体は自分が伸びたい方向に伸び、それがいちばん理にかなっている姿である。人間が手を加えると自然とかけ離れた姿になり、剪定し続けないといけなくなる、と。私はこの言葉がいまだに脳裏に焼き付いていま

＊7 福岡正信　一九一三〜二〇〇八年。愛媛県生まれの農業技術者。もとは植物検疫官だった。「不耕起・無肥料・無除草」を特徴とする自然農法を広めた。著書に『自然農法・わら一本の革命』（柏樹社、一九七五年）がある。フィリピンのマグサイサイ賞「市民による公共奉仕部門」受賞。

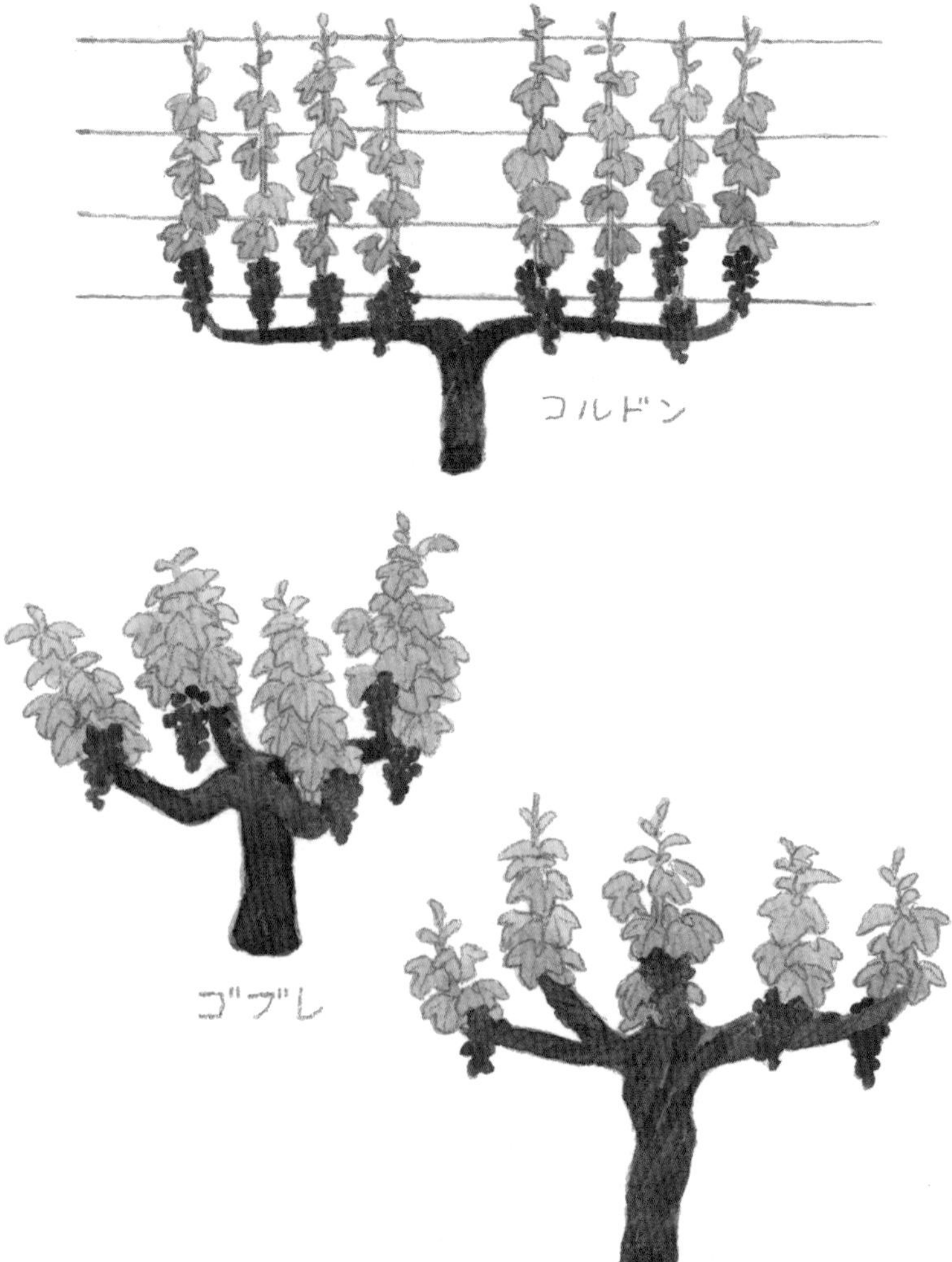

コルドン(上)は「コード」(紐)、ゴブレ(中)は「コップ」、エヴァンタイユ(下)は「扇」という意味で、それぞれの仕立ての形を表している。いずれも垣根仕立ての一種。

す。理論にはとても共感できるのですが、それをどうやって実践に落とし込んでいけばよいのでしょうか。

ときおり、栽培を諦めた葡萄を見かけることがあります。誰の手入れも受けておらず、肥料もなくて、もちろん無農薬です。そんな畑でも、意外にも葡萄の実はついているのです。とても少なくまばらですが。そんな畑を見ると、いまの農法に疑問を持ってしまいます。「本当に肥料や農薬をまく必要があるのだろうか？」と。

本当に自然な姿の葡萄も見たことがあります。葡萄畑ばかりを見慣れているので忘れてしまうことも多いですが、葡萄はつる植物です。本来の姿は、森の隙間から木々を伝って上に伸びていき、上まで到達して光合成ができるようになり、まばらに実をつけるというものです。本来の自然界では多様性が保たれているので、葡萄の実も病気にやられて全滅するなどということはほぼありません。そうなったものは淘汰《とうた》されてしまっているでしょう。

これが、葡萄の本当に自然な姿であるはずです。森の中に入って、木に登って葡萄を摘み取る。これがいちばん自然でしょう。でもこれは「採取」であって、「栽培」ではありません。採取であってもよいのですが、十分な量は採れません。ワインをつくることも、家族五人で暮らしていくことも無理でしょう。

葡萄の新しい仕立て方

ロワールの自然派ワイン生産者、パトリック・デプラ（Patrick DESPLATS）は葡萄畑の中に木を植えて、その木に葡萄が上っていくような栽培を一部の区画に試みています。森の中の葡萄と同じような考えからでしょう。彼は数年間連続で霜の被害に遭い、ほとんど葡萄が採れない時期が続いたことがありました。霜の被害に遭いやすい葡萄の高さというのがあり、地面から三十センチのところがいちばん冷たい空気が溜まるといわれています。北のほうの生産地では葡萄畑の仕立てを高くしていますが、冷たい空気が溜まる部分を避けることにより、霜のリスクを減らそうとしているわけです。彼がテストしているように木の上に葡萄をはわせたら、霜の被害は受けないでしょう。

私もフランス時代は少しでも自然に近い形にということで、直線的なコルドンよりエヴァンタイユを採用したわけです。フランスではアペラシオン[*8]を取ろうとしますと、品種はもちろん、葡萄の密植度、仕立て方も限定されてきます。ですが今回、栽培方法に何も制限がない日本に来ました。フランスより雨が多く、湿度も高く、雑草の伸びるスピードも速い国です。フランスと同様な仕立て方をしたら、あっという間に雑草に覆われて、病気になってしまうでしょう。病気に耐性のある日本の葡萄を栽培しますが、それでも限界はあるでしょう。雑草に覆われてしまっては、光が届かず、風通しも悪いので。

＊8 アペラシオン AOP（保護原産地呼称）によって定められた、フランスのワイン生産地のこと。

まず、葡萄の木の高さを上げることを考えました。日本に棚式[*9]の畑が多いのは理にかなっているといえます。そしてそれを、さらにヤマブドウの特性に合った栽培方式に進化させます。野生の葡萄はまず、上に上に伸び続けます。陽の光を得るためですね。そしていちばん上に来たとき、初めて横に伸び始め、葡萄の実をつけ始めます。場所取りをして自分の生存を確実にしてから、子孫繁栄のステップに移ります。

垣根式の栽培にしますと、葡萄は常に上に上に伸び続け、これ以上鉄線がないという状況になると、それ以上は葉っぱを固定する手段がないので、栽培者が上の部分をカットします。葡萄はそれでもまた上に上に伸びようとするわけです。

一方で、葡萄は自分の枝が下に垂れると、伸びることをやめようとします。せっかく上ったのに、下に行く意味はないからですね。すると成長が遅くなり、エネルギーが実に集まります。日本の水が多く肥沃な土壌では、葡萄の樹勢をいかに抑えていくかという栽培が必要です。葡萄は樹勢が強ければ強いほどたくさんの実をつけますが、病気に弱くなり、しかも成熟しづらくなります。成長することと病気から守ることの両立は難しいのです。樹勢が衰えてきた古い木は、あまり伸びることはありませんが、病気に強く、小さく凝縮した実をつけます。古木のワインが高品質なのにはこのような理由があるのです。

これらを踏まえて、仕立て方の基本方針が決まりました。まず葡萄の木を百六十センチぐらいの高さまで伸ばします。そこまで達したら、水平方向に二本、腕を伸ばし

***9 棚式** 棚を立ててつるをはわせる仕立て方。地面から葡萄の実が離れるので、湿気が溜まりにくく、病気になりにくいというメリットがある。

ます。その腕の列から両側に葡萄が勝手に伸びて、ある程度の高さに達したら自重で下向きになって、成長をやめるという方法です。間隔が狭いと葡萄の枝同士がからみついてしまうので、干渉しないように列同士の間は三メートルの幅を開けています。もしかすると機械を使う日が来るかもしれませんが、トラクターが楽々と通れる幅になっています。

当初はこれに雨よけが必要になるのでは、と思っていました。日本の梅雨は長く、病気に強い品種でも、完全無農薬は難しいでしょうから。

雨よけには利点がありますが、欠点もあります。雨よけはドーム型で、雨が外に流れ落ちるような構造になっていますが、熱気や湿気を内部に溜めてしまうことにもなるのです。これは病気のもとになります。また、ウンカのような小さな飛来する虫が溜まりやすいという欠点もあります。外観上の問題もあります。プラスチックに覆われた畑の姿というのを好きな方はあまりいらっしゃらないでしょう。プラスチックはいつか交換しなくてはいけませんので、産業廃棄物になりますし。ただ、農薬の散布回数を減らせるならば、栽培する人、ワインを飲む人に優しいともいえます。難しいものです。

また、畑の上部に風を受けやすいビニールのトンネルを設けることになりますので、棚をかなり頑丈に固定する必要があります。葡萄の荷重が増える収穫時期には台風が来ることも多いですし、棚が倒れないように、しっかりと杭やアンカー、ワイヤーで

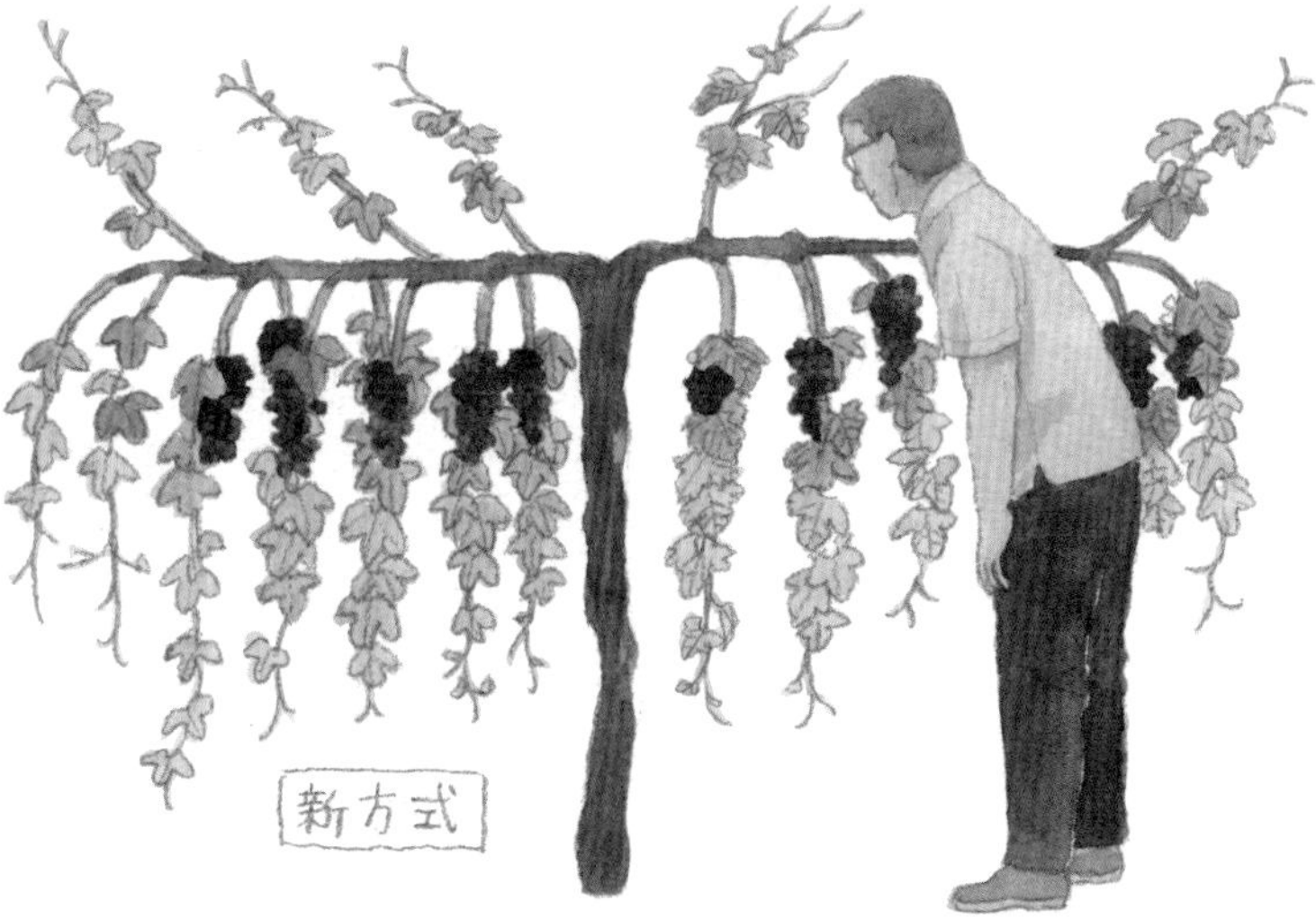

新方式(上)は「一文字しだれ仕立て」と名付けた。パトリック・デプラの畑で見た「木に葡萄をはわせる方式」は、森の中で自生している葡萄がモデル(下)。

固定しなくてはいけません。これは素人ではなかなか難しく、専門業者にお任せすることになります。

実験的に、ビニールを張った列もつくってみました。湿気が溜まらず、風が通りやすいように、V字型にビニールを張り、真ん中は開けてあります。雨は中央部分に流れ込み、葡萄の幹にかかる、という形をとってみました。雨は房と葉っぱにかからなければよいので、あえてこの形にしました。幹が雨に打たれることによって、カイガラムシなどの発生も減らせるかもという目論見もありました。

ほかの列はビニールなしで栽培しましたが、三年経ち、おそらくビニールがなくても、年に数回の

上・色づく前の一才ヤマブドウ。露地栽培に適した品種を育てようと、ヤマブドウ系のものを選んで植えている。雨の多い日本では、葡萄品種の選び方が重要となる。

ボルドー液の散布だけでいけそうだということがわかり、雨よけは取り除きました。これがなければ、棚がそれほどしっかりしていなくても、倒れる心配は減りますし、費用もぐっと抑えることができます。

同じ列に植えた葡萄同士の間隔は二メートルほど。左右に一メートルずつ腕を伸ばしている形です。葡萄をもっと密植すれば葡萄同士が競合して、少ないですがより高品質の葡萄が採れるはずです。ただ残念ながら、日本では葡萄一本の苗木が二千円ほどします。仮に一ヘクタールに五千本の葡萄を植えたとしましょう。葡萄の苗だけで一千万円の投資になります。このほかに葡萄の棚や実際の労働などの費用もかかりますので、これではワインの値段がとても高くないと、経営として成り立ちません。投資は少なく、労力も少なくしたうえで、見返りがないと、誰もやってみようとは思わないものです。

この仕立て方ができて、私はほとんど葡萄に触ることがなくなりました。剪定と収穫ぐらいでしょうか。葡萄の下の草を刈ることがメインの仕事ですが、それも近隣の人の目を気にしてのことで、申し訳程度にしています。

これはヤマブドウ系の小さくまばらな実の葡萄で耐病性などがあって、初めてできる仕立て方です。二〇一九年は農薬などを何もまかずに葡萄がなったと喜んでいましたが、鳥に実をほとんど食べられてしまいました。垣根仕立てでしたら、葡萄のある部分だけをネットで覆えばよいので簡単ですが、この仕立て方だと全体を覆わなくてはいけません。

四年目の二〇二〇年は葡萄畑全体をネットで覆い、無事に葡萄を収穫できました。幸い、イノシシはこの葡萄の存在に気づいていないのか、まだ被害はありません。もしイノシシが食べようとしたら、枝を引っ張って、棚ごと倒してしまうでしょう。そのときは、大がかりなイノシシ対策が必要になるかもしれません。

まだまだ始まったばかりですので、確実なことはいえませんが、手ごたえは感じています。この簡単な栽培方式が成功し、気軽に醸造用葡萄を栽培してもらえることを願っています。


左頁・小公子の畑に鳥よけのネットを張った。新しく開発した「一文字しだれ仕立て」にしているので、木が自由に伸びている。高さは二メートルほどある。

ワイン産地と固有品種の〝適種適所〟な結びつき

まずはじめに、なぜ新しい品種が必要なのか、その理由を説明します。

ワインの産地には固有の品種があります。ブルゴーニュといえばピノ・ノワール、山梨といえば甲州、というように、その品種からワインの味わいをイメージすることができます。

それでは、岡山のワインといえば何でしょう？　現段階では何も思い浮かびません。まだワインの産地ではないからですね。岡山にはマスカット・オブ・アレキサンドリア栽培の百三十年の歴史があります。マスカット・オブ・アレキサンドリアは食用にもワイン用にもできる品種なので、それを使ってワインをつくることはとても意義があることだと思っています。

ただ、自分でこれからマスカット・オブ・アレキサンドリアを植えていこうとは思いません。なぜなら、この品種は日本の気候には向いておらず、露地で栽培するとすぐ病気になって葡萄が採れなくなってしまうからです。岡山ではガラス温室という雨があたらない施設をつくり、この品種の栽培に成功しました。現在ではビニールハウスに代わっていますが、私の住む富吉《とみよし》地区ではいまでもガラス温室が現役で点在し、村の風景の一部となっています。切妻屋根に土壁を使った昔ながらの温室はとても味わい深く、大事に守り続けていきたいものです。

話が少しそれましたが、要するにヨーロッパ品種の葡萄をそのまま日本で栽培しても、気候が違うのでうまくいかない、ということです。米カリフォルニア、オーストラリア、チリなどいわゆる新世界といわれる国々では成功していますが、そこにはヨーロッパよりも葡萄栽培に適した気候があったからです。葡萄はつる植物なので、水はそれほど必要としません。新世界では、砂漠のような乾燥した土地に灌漑《かんがい》することによって、葡萄栽培を成功させています。

雨が多い日本では、ヨーロッパ系ワイン用品種のヴィティス・ヴィニフェラ（*Vitis vinifera*）はすぐに病気になります。有機栽培では硫黄と銅の混合剤であるボルドー液を散布することが多いですが、これらの農薬は雨が降れば流れてしまい、葡萄を守ることができません。現代の化学農薬は散布後に植物の中に入っていきますので、雨が降っても葡萄は守られますが、その効果は通常二週間でなくなりますので、二週間おきに化学農薬を散布しなくてはなりません。

このような化学農薬散布を繰り返せば、葡萄は収穫できるかもしれませんが、その葡萄を使ってワインをつくりたいとは思いません。私は野生酵母を使って発酵させますので、葡萄の周りにどのような微生物がいるのか、というのも重要な要素のひとつなのです。防かび剤をまいたらワインが発酵しなかったという事例もありますし、化学農薬のワインづくりへの影響は大きいと考えます。

日本の品種「ヤマブドウ」

それでは、雨の多い日本に適した、病気に強い品種とは何でしょ

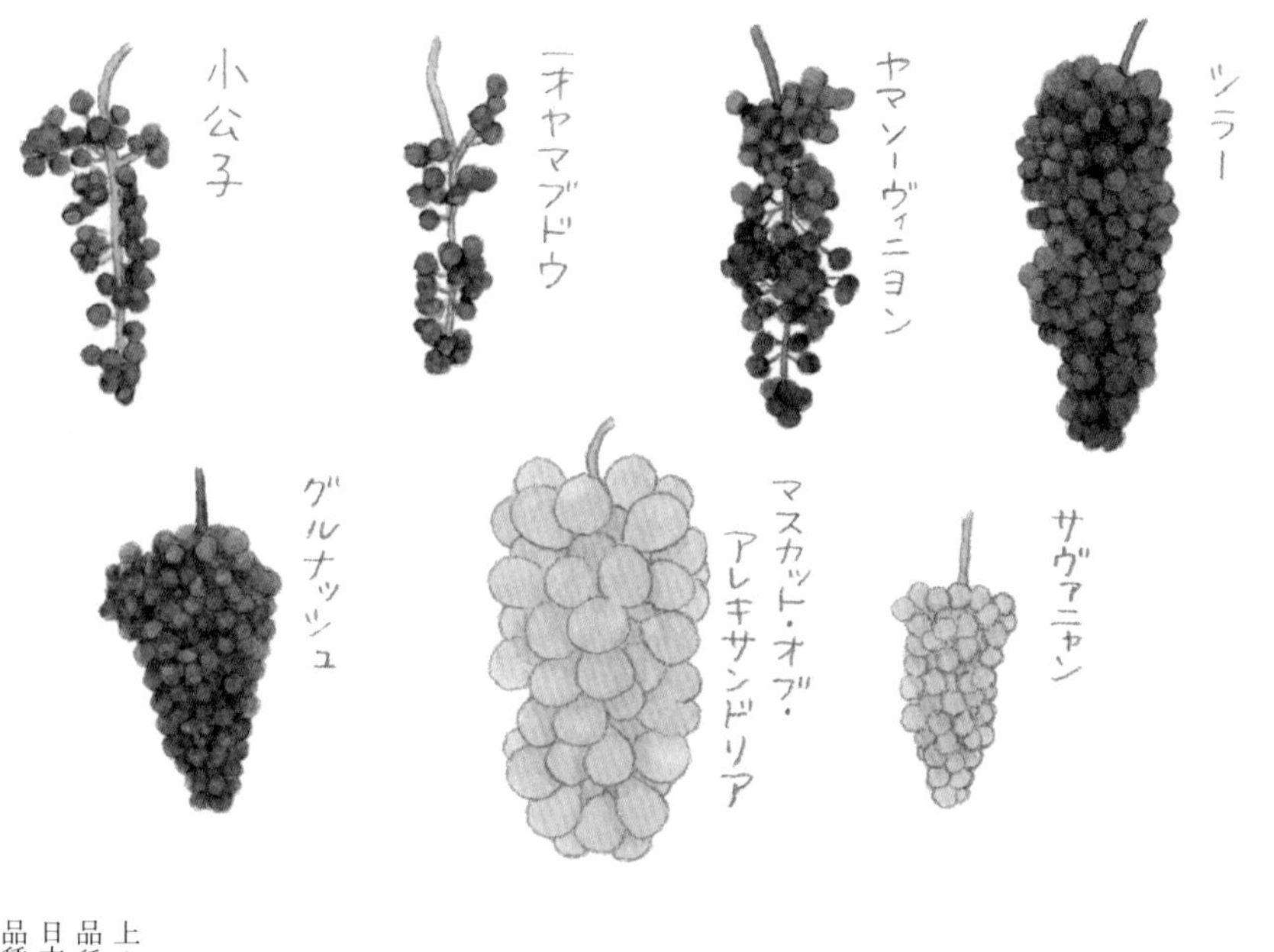

上・現在栽培している葡萄品種の一部。これ以外にも、日本の気候・土壌に合った新品種を開発し、栽培している。

うか？　日本には、昔から生息し、日本の環境に適応してきた日本古来の葡萄があります。一般的に「ヤマブドウ」（山葡萄）と呼ばれ、南は沖縄から北は北海道まで日本各地に存在していますが、実はそれぞれ違う品種であることがわかってきています。代表的なものとして、ヴィティス・コワニシエ（*Vitis coignetiae*）、ヴィティス・アムレンシス（*Vitis amurensis*）が挙げられますが、それ以外にもいくつか存在しています。

古くは一万年以上前の縄文時代の遺跡からもヤマブドウの種が発見され、『古事記』や『日本書紀』にも記載されている、日本人には太古から縁のあるものです。

滋賀県甲賀市の紫香楽宮《しがらきのみや》からは、約六百個のヤマブドウの種が出土し、ワインを醸造していた可能性が指摘されています。正倉院にはワイングラスのようなガラス器が残っていることから「聖武天皇は葡萄酒を飲んだ可能性もある」と橿原《かしはら》考古学研究所の菅谷文則元所長も講演で語っています。

ヤマブドウは、ヨーロッパ系品種に比べて耐病性が高い品種です。味わいは酸が高いですが、糖度も高く、ポリフェノールの量もヨーロッパ系に比べ倍以上含まれており、粒が小さく（つまり果実に対して皮が多く）、濃厚な赤ワインになります。長期熟成赤ワインをつくるのに大事な要素である酸、アルコール、タンニンがすべてそろっているのです。

ワインの品質は、テロワール（気候、土壌など）と単位面積当たりの収量でほぼ決まります。日本は畑の狭さや人件費の高さの問題があり、いかに狭い土地で高い収量を上げるかを目指す傾向にあります。ですが、高収量の葡萄でワインをつくると、水っぽい薄いワインになってしまいます。日本の肥沃な土壌では葡萄がたくさんできるので、完熟した葡萄をつくるのは難しいのです。ところがヤマブドウは実がとても小さいため、収量を上げてもワインが水っぽくならないという、日本に最適な葡萄なのです。

世界に通用する品質を目指すならば、ヨーロッパよりも葡萄の収量を落とす必要があるでしょう。そうすると当然ワインのできる量は減るので、値段を上げる必要があります。それでは経営として成り立ちにくくなってしまいます。つまり、世界に通用する日本ワインには、日本の気候に合った日本独自の品種を使うことが必要です。ほかにない個性を持つことが、ワインの価値にもつながります。

ここまでヤマブドウのメリットをたくさん挙げてきましたが、残念ながらデメリットもあります。ヤマブドウは雌雄異株《しゅういしゅ》なので、雄株・雌株が存在します。雌株の花に雄株の花粉が受粉することによって葡萄の実ができます。雄株はめしべが退化しているので実はなりませんが、雌株には花粉が必要なので実がならなくても栽培しなくてはいけません。風による葡萄の花粉の飛距離は短く、数メートルといわれています。受粉が自然に行われる

右・ぱらぱらと実のついた小公子。このような葡萄のほうが、風が通りやすく病気になりにくい。一粒が小さいので皮の比率が高く、色が濃く凝縮したワインになる。

には雄株と雌株の距離が近く、開花時期も一緒でなくてはならず、しかも受粉に適した天候が必要になります。このような条件から、受粉がうまくいった年とそうでない年ができて、安定した収穫量を確保するのが難しいのです。

岡山産ワインに適した新品種をつくる

日本の気候にもワインづくりにも適したヤマブドウですが、雌雄異株のままでは安定したワインづくりができないので、自家受粉をしてくれる新しい品種が必要になってきます。

そんな私の夢を叶えてくれる貴重な人物が、同じ岡山市の津高《つだか》地区にいらっしゃいます。大変珍しい民間の育種家、林慎悟さんです。

葡萄愛では、林さんの右に出る人はそういないでしょう。奥様と沖縄に旅行に出かけ、きれいなサンゴ礁を目の前にしながら、一人で山に入ってリュウキュウガネブというヤマブドウを探しにいってしまうぐらいです。

「育種家」という職業はあまり知られていません。それもそのはず、とうてい食べていかれない職業だからです。「育種をすると家をつぶす」とこの葡萄業界ではいわれ

右・ヤマブドウの交配種の苗。林慎悟さん主宰の林ぶどう研究所で新品種の開発が進む。百種類もの葡萄を育て、育種に使っている。

ていますが、残念ながらこれは事実なのです。マスカット・ベーリーAをつくられた川上善兵衛[*10]さんは日本のワイン界に偉大な功績を残してくださいましたが、そのために私財をすべて投げうたなければなりませんでした。

いったいなぜなのでしょうか？　それを理解するには、どのようにして新しい品種をつくるのかを知る必要があります。

新品種を開発するにあたって、最初にどのような特徴の品種をつくりたいかをイメージします。そのイメージに合った特徴を持つ、両親となる品種を選んでいきます。例を挙げるなら、耐病性が高い品種としてヤマブドウを選び、掛け合わせの相手としては自家受粉できるように雌雄同株《しゆうどうしゅ》のシラーを選びます。シラーを母親にしようと決めたら、シラーの花が咲く少し前に、花冠といわれる花のつぼみを取り除きます。葡萄の花は二、三ミリと、とても小さいので、ピンセットで作業します。上手に花冠を取り除くと、おしべとめしべが現れます。次におしべをピンセットで一つひとつ、すべて取り除きます。おしべがあると自家受粉してしまうからですね。このとき、めしべを傷つけないように慎重に作業を行います。非常に細かい作業です。ひとつの房につき約三十個の花がありますが、すべて同様に作業します。おしべをすべて除去したら、めしべにほかの花粉がつかないように袋掛けをします。

めしべが受粉できる状態になったら、ヤマブドウの花粉を袋の中に入れて、袋を振って受粉させます。受粉が成功したら、めしべの根元が膨らんで葡萄の実になってい

*10 **川上善兵衛**　一八六八〜一九四四年。新潟県生まれ。一八九〇年に岩の原葡萄園を創業し、ワインづくりとともに、日本の気候風土に合った葡萄品種の改良に励んだ。一万種以上の交配を行い、二十二種の新品種を育てた。

きます。

葡萄が大きくなり成熟したら、葡萄の種も成熟しますので、葡萄を収穫します。種を取り出して少し乾燥させてから、冬に一粒ずつ植えていきます。

翌春には種から芽が出てきますので、これらを育てていきます。種の一粒一粒がそれぞれ違う遺伝子を持つので、それらの中から自分の望んだ特徴を持った葡萄を選抜していきます。耐病性がある[*11]、樹勢がある程度強い、栽培しやすい、などの特徴があるものを選びます。

葡萄を種から栽培し、初めて花をつけるのはおそらく三、四年後になります。これは先日のできごとですが、耐病性があり、育てやすそうな葡萄が初めて花をつけました。植えてから三年目のことです。かなり期待をしていたのですが、林さんが花を見ると、「あー、雄《ゆう》ずい反転だ」とがっかりしています。私には何のことだかさっぱりわからなかったので、説明してもらいました。おしべは花粉が入った葯《やく》とそれを支える花糸《かし》でできています。通常は葯がおしべの先端に向いているので受粉しやすくなっていますが、ここでは葯が反対側に反れていて受粉できない位置にあるというのです。三年も待って楽しみにしていても、一瞬で振り出しに戻るという悲しい瞬間でした。いつか理想に近いものができると思って作業を続けるしかありません。

三、四年経って、無事に葡萄の実をつけたとします。実や房の大きさなどが目的にかなっているかも、その際の選抜の基準になります。そして、どのように成熟するか。

＊11 耐病性がある さらに詳しくいえば病気の種類はたくさんあり、それぞれ耐性が異なる。べと病に強いが、コクトウ病に弱いなど。

新品種が完成するまで。苗から葡萄の実がなるまで三、四年、木を増やすのに数年、そこからワインになるまでさらに数年かかる。

糖度はどこまで上がるのか？　酸は？　タンニンは？　など、たくさんの基準があります。

よさそうだと思われる葡萄は、挿し木をして葡萄を増やし、今度はそれを醸造します。あまりに少ない量では醸造できないので、ここでもさらに数年かかります。あくまで目的はワインづくりですから、その品質がいちばん大事です。年によって採れる葡萄の出来は違いますので、数年かけて平均的な葡萄の特徴を見て、すべてのポイントで満足できるものができれば初めて採用となり、品種登録へと進みます。

品種登録の陰にある育種家の苦労

品種登録をするには、その品種が五本植えられていて、違いを比べられる品種も近くにあるなど、圃場《ほじょう》（耕作農地）の準備が必要です。さらに、申請にはたくさんの書類が必要になり、登録料も必要になります。育成者権[*12]を三十年間守ろうとすると、出願料のほか年間登録料も支払う必要がありますので、合計百万円ほどかかります。登録の書類を司法書士に頼んだ場合は、さらに費用がかさみます。

ここまでが新しい品種ができて、登録されるまでの流れです。これだけでも、とても長い時間と多くの作業が必要になることがわかると思います。しかし、実際はもっともっと大変なのです！

まず、新しい品種の親を育て続けなくてはなりません。林さんのところでは百種類

＊12 **育成者権**　新品種を登録した者に対して付与される、知的財産権のひとつ。新品種が審査を経て登録されると、種苗・収穫物・加工品の販売などを独占できる。権利の存続期間は、葡萄などの永年性植物の場合は最大三十年間。

以上の葡萄が栽培されています。たくさんの親を持っていれば、それだけ選択肢が増えることになります。このうち、葡萄の実として販売できるものはほとんどありません。ほとんど売り物にならない葡萄を百本も育て続けることになります。いま人気のシャインマスカットを百本栽培していたら、きっと優雅に暮らせていたことでしょう。

そしてさらに、新しく交配した品種を栽培しなくてはいけません。毎年二百〜三百本の苗木を育てることになるので、とても大変な作業です。苗木が小さいうちは雑草にすぐ負けてしまいますから、成木の何倍もの手間がかかります。

これらをすべて栽培する広さと、作業の手間が常に要求されます。その中で新しい品種が生まれてくる確率はほとんどないそうです。いま、市場にある品種はこのようなセレクションを経て選抜された一級品ぞろいです。交配をすると次世代に劣勢遺伝子が現れることが多く、既存の品種を超えるものが現れるのは、宝くじに当たるようなものなのです。

宝くじに当たったら大金が手に入りますが、よい品種ができても、大金が入るどころか、品種登録のためにおよそ百万円が出ていきます。育成者権が切れるまでの三十年間に苗木を販売して初めて、育種家の収入となるわけですが、仮に一本五千円とし

右・受粉作業。奥の花はおしべを除去してあり、手前の花のおしべをつけているところ。実際には葡萄に掛けた袋の中に花粉を入れ、袋を振って受粉させる。

ても、最初のうちは誰も買いません。その品種が本当にすばらしいものなのかが、わからないからです。いい品種だと評判を呼び、知名度が上がり、市場に出回るようになってブランドとして成り立つまでには長い年月を要します。そのときになって初めて、みんなが「この品種を植えたい」と思うのです。ですがそのころには、もう育成者権の存続期間も残りわずかとなっているでしょう。

結論として、育種家は苦労するわりには報われない、というのが最初からわかっているわけです。新しい品種をつくり、地域のために貢献したいという殊勝な考えをお持ちで、なおかつ貧乏に耐えられる人しかできないのです。林さんは食用葡萄でマスカットジパングという品種を開発し、品種登録されています。岡山の新しい特産品として、これから注目されていくことでしょう。

ワイナリーと育種家の新しい関係

私が帰国したころに、林さんは今度はワイン用品種の開発を始められました。農業人口の高齢化、少子化の問題が深刻化する中で、食用葡萄の栽培だけではなく、醸造用葡萄の必要性を感じたからだそうです。

右・林さんが開発したマスカットジパングは、ロザリオビアンコとアリサの交配によって生まれた。種無しで皮ごと食べられる大きな葡萄だ。上品な甘さとマスカットの香りが特徴。

日本で醸造用葡萄の交配があまり行われてこなかったことには理由があります。食用葡萄は食べればどれがよい葡萄かわかりますが、ワインをつくったことがない人には、どの葡萄がワインに向いているかがわからないのです。ですから、選抜ができない、ということになります。ワインをつくるには酒類製造免許が必要ですし、ハードルが一層上がるわけです。

そんなときに、ちょうど私が近くに移住してきました。私も新しい品種の必要性を感じていましたし、林さんの人柄にもほれ込みまして、品種の選抜などに微力ながらお手伝いさせていただくことになりました。

林さんがこれほど苦労なさっている姿を目の当たりにして、どうにかしてそれが報われる方法がないかと考えました。ワイン用の苗木ですから、購入するのは当然ワイナリーということになります。現在、日本ではワイン用の苗木が不足しており、またその値段も一本二千円とかなり高価になっています(フランスでは二百円もしません)。ワイン用の葡萄は密植して栽培し、葡萄同士を競合させて小さい葡萄に仕上げ、高品質のワインを目指していきます。フランスなどでは一ヘクタール当たり一万本の密植をするところがありますが、仮に日本で一万本植えようとすると、苗木代だけで二千万円もかかってしまいます。これではワイナリーとして採算を上げるのはかなり難しいでしょう。

そこで、育種家とワイナリーがお互いに助け合える仕組みを考えてみました。例えば、林さんが露地で有機栽培できる高品質な葡萄を品種登録したとします。林さんは各ワイナリーと契約を結び、ほかの人に苗木を譲渡しないことを約束してもらったうえで、穂木《ほぎ》*13を無料でワイナリーに渡します。ワイナリーはそれを自家増殖し、四年後に初めてその葡萄を収穫し、その翌年にワインをボトリングできたとします。そのときに、林さんに品種使用料としてワイン一本につき百円程度を支払う、という契約です。これをワインができてから二十年間の期限付きで有効とすれば、ワイナリーは本来支払うはずの苗木代二千円を二十五年かけて、しかも収入があるときに支払うことができます。ワインにとって品種名は重要ですから、ワイナリーが品種名を隠すことはないでしょう。

こうすれば、林さんは自分の育成者権が守られ、仮に年間一万本のワインが瓶詰めされたとすると百万円の収入が得られます。その品種が優秀で多くのワイナリーがたくさんのワインをつくり始めたら、林さんの収入も上がるわけです。逆に、品種に魅力がなければ違う品種を植えることになり、売り上げも減っていきます。両者にとって魅力的なモデルになるのではないでしょうか?

日本の気候で高品質な葡萄が有機栽培できるということは、ほかの国々でも栽培できる可能性が高いです。葡萄は世界中で広く栽培されていますから、そうなれば、林さんをはじめ育種家の方々の功績は世界中に広がっていくことでしょう。

***13 穂木** 接ぎ木(植物の一部をほかの個体に接着させて増やす方法)をするときに、台木(根が生えていて接ぎ木される側の木)に接ぐ苗木のこと。

葡萄を狙う動物たち——宿敵はイノシシだ！

富吉地区に移住してきたとき、村でいちばんホットな話題はイノシシでした。それまではほとんど見かけなかったそうですが、耕作放棄地が増え、狩猟免許保持者が減り、近くの山が開墾されて産業団地予定地になったこともあって、山にいたイノシシが下りてきたのだと思われます。富吉は白桃と葡萄の産地ですから、イノシシはかなりの被害をもたらします。

桃畑では、イノシシが太い枝も折ってしまいます。背が低い動物なので、上のほうの桃には届きません。ではどうするかというと、自分が届く範囲の枝をくわえて、下に引っ張って折ってしまいます。枝が折れれば桃は目の前にありますので、おいしい桃が食べられるというわけです。枝を折られてしまうと、来年はその部分から桃は採れませんし、下手をすると木が枯れてしまうということもあります。そんな甚大な被害を避けるために、電柵や鉄柵を立てます。柵がうまくイノシシの鼻に当たるようになっていれば向こうも諦めるのですが、どうしても中に入りたい場合は、毛に覆われたお尻からバックして侵入する賢いイノシシもいるそうです。

鉄柵を立てればイノシシの被害はかなり防げますが、柵の接合部や地面の近くに少しでも隙間があったりすると、そこを押し開けて侵入してきます。また鉄柵があると、草刈りのときにとても邪魔になりますし、費用もかなりかかります。

葡萄の場合は、垣根式だとイノシシが届く高さに実があるので、モシャモシャと食べられてしまいます。以前、葡萄が一列全部なくなったことがありました。鳥などに比べ、イノシシは食べ方が汚いので、葡萄がべしゃっとつぶれて嫌な感じです。でも被害はそれで済んでいました。

岡山の私の露地畑は、まだそれほど葡萄がなかったので、初めは実の被害はありませんでした。イノシシは地面を掘ることも多く、たまたまそこにあった葡萄の苗を抜かれてしまったことがあります。でも、まだ大した被害ではありません。

そんなふうに思っていたら、二〇一九年は、ガラス温室に入られました。入口の扉がパタンと中に倒れていておかしいなと思ったら、やられていました。ガラス温室では、葡萄は棚のようになっています。高いところは届かないので、葡萄の枝ごと引きずり下ろして、枝を折られていました。枝を支えていた鉄線も切れていて、イノシシのパワーの強さに驚かされました。結局、折れていない部分から出た枝をまた誘引し、形を整えて翌年に備えました。

二〇二〇年はイノシシに入られないようにと、頑丈な扉を設置したのですが、ある日、葡萄の成熟度を見るために中に入ると、また葡萄の枝が下に引っ張られて折られているじゃありませんか。扉は閉まっていたため不思議に思ったのですが、今度は網戸の部分をこじ開け、窓枠を壊して侵入していました。がっかりです。一度味を覚えると、何度でもやってくるのですね。

イノシシは田んぼにも入ります。田んぼに入ってしまうと稲を水に浸けてしまいますし、稲に泥の匂いがついてしまい駄目になるそうです。

根本的なイノシシ対策としては、檻《おり》による罠と冬の猟が個体数を減らす方法ですが、全然追いついておらず、むしろ年々増えています。人間にも慣れてきて、エンジン音を高らかに上げて草刈りしていても、すぐ近くにいることもあり、こちらが驚きます。被害がどんどん大きくなっているので、早く対処していく必要があるでしょう。イノシシも生きるために必死ですから、しかたがないのですが。

葡萄をきれいに食べていく鳥たち

次に困る動物は鳥です。田舎に住んでいるので、天気がよい日ですと早朝から小鳥の声が聞こえてきます。害虫も食べてくれるかわいい鳥ですが、当然、葡萄の実も食

べます。スズメ、ヒヨドリ、ムクドリ、カラスなどが代表的でしょうか。食べ方はとてもきれいで、一粒ずつ食べていきます。どんどん粒がなくなっていき、最後には果梗だけが残ります。まるで機械で収穫した後の畑のようです（機械収穫は葡萄の実をものすごい振動で揺らし、粒だけを回収していきます）。

フランスの広大な葡萄畑なら、少しぐらい鳥にやられたところでほとんど被害は目に入りません。ただ、山間部にある小さな区画などでは、被害が大きく感じられます。いま、葡萄の木が若い私の畑も同様です。例えば収穫が五百キロあったとすると、それが四百五十五キロになってもそれほど食べられたようには感じませんが、葡萄が五十キロしか採れないのに四十五キロも食べられたら、ほとんどやられてしまったと感じますよね。

いまは葡萄の量がまだ少ないので、必死に守っています。いつまでも鳥に食べられっぱなしだと、周りの人からも、「彼は何をしているのだろうか」と疑問の目を向けられますから。

鳥よけグッズはたくさんあります。古典的なものでいえば案山子《かかし》でしょうけど、鳥の形をした凧《たこ》、ギラギラしたテープ、鳥の嫌いな音を出す機械、定

左・鳥に食べられてしまった小公子。葡萄の粒がきれいになくなっている。

期的に爆発音を出す装置など、ありとあらゆるものがあります。私はすべてを試したことはありませんが、たいていは最初は効果があるものの、そのうち鳥も慣れてくるというケースが多いですね。

完全に防ごうとなると、「防鳥ネット」というものを張って、物理的に葡萄畑に入れないようにします。これは確実です。色は二種類あるのですが、青色のほうが鳥はよく見えるようで、鳥がネットにからまる危険性が低いので私はなるべく青色のネットを使っています。私の仕立て方だと全体をすっぽり覆う以外には方法はないので、葡萄の支柱として使っているパイプを一メートルほど高くし、そこに線を張って、その上にネットを張っていきます（一三七頁参照）。葡萄が色づき始めたら設置して、収穫が終わったらすぐに取り外します。なるべく自然のバランスを変えないようにするためです。

動物たちとの攻防は続く

ある日、近くの桃畑の罠に動物がかかったというので見にいきました。一瞬、何かわからなかったのですが、かかっていたのはヌートリア[*14]でした。猫より大きなネズミの親分、という風貌です。目などがかわいいと思ったのですが、しっぽに毛がなくネズミを思い起こさせるところが、ちょっと苦手です。稲を食べることと、巣穴をつくるときに堤防に穴を開けてしまうことなどから、害獣として駆除されています。葡萄

*14 **ヌートリア** 西日本を中心に生息する、げっ歯目ヌートリア科の特定外来生物。体長約四十〜六十センチほどで、水辺の土手などを住みかとする。

にはおそらく被害はないでしょう。

ほかに葡萄の温室に入るとやっかいなのが、イタチ、アナグマ類です。棚を器用に上り、葡萄を食べてしまいます。そんなに多くの量は食べませんが、岡山は高級葡萄の産地ですので、イタチが入って葡萄を傷つけられたら商品にはなりません。罠を仕掛けますが、うまく捕獲できた例はあまり聞きません。

露地の葡萄では、シカとウサギがメジャーな害獣です。彼らは葡萄の芽を食べてしまいます。いちばん小さい苗木のときに被害が顕著に出ます。これには、苗木を筒に入れるなどして対処します。シカは葡萄の実も食べます。でも量はそれほど食べませんので、あまり話題には上りません。

まだうちの辺りにはいないのですが、ここ数年で数回目撃されたのがサルです。サルが来てしまったらもうどうしようもないです。頭がいいので、防ぎようがないのです。サルは群れで行動しますが、単独行動するはぐれザルがいるそうです。そういうサルが、「ここが暮らしやすそうだ」と群れを連れてくるそうです。とにかくサルには来てほしくないですね。

3

自然派ワインができるまで

自然派ワインのつくり方、教えます

私もそうですが、自然派ワインの生産者の多くは製造方法を全部開示しています。生産者と消費者が真の信頼関係を築くために、消費者に製造方法を伝えるのは義務と考えています。真似する人が出てきても一向にかまいません。全部教えたとしても、絶対に同じワインはつくれないからです。原料が葡萄《ぶどう》のみである自然派ワインには、葡萄の味の違いがそのまま表現されます。同じ製法でつくったとしても、ほかの人がほかの畑から採れた葡萄を使っているなら、いや、そもそも毎年同じ人が同じ畑の葡萄を使ってワインをつくっても、決して同じ味にはなりません。

自然派ワインの醸造家には、醸造の学校で習う作業工程すべてを見直す態度が必要です。重要なのは、その製造方法を選択した理由を明確に理解していることです。葡萄の品質や状態を知り、今後発展する方向を理解して作業するのが仕事なのです。

優れたワインには葡萄の味が残っていて、ワインから葡萄の味を想像できます。すると、なぜその製法を選んだのかもわかり、推理小説を読むような感覚になります。おそらく料理人もほかの人の料理を食べるときにそう感じているのでしょう。料理人との違いは、次第に酔っぱらってきて、推理がどうでもよくなってしまうことでしょうか。ぜひワインを片手に醸造編をお楽しみください。

自然派ワインの味わいと特徴

自然派ワインの定義は諸説ありますが、はじめに（二頁参照）に書いたように、基本的には、有機農法もしくはそれ以上に自然な農法でつくられた葡萄を、そのまま一切の添加物（砂糖、酸、酵母、亜硫酸など）を入れずにつくられたワインの総称です。

二十世紀に化学肥料が登場して以降、生産性や経済性を追求したワインづくりが主流となっていきました。そのような状況の中、ワインの本来の姿に立ち返るべきだと、一九七〇年代にフランスのボジョレー地区で亜硫酸無添加ワイン再興の動きが高まりました。化学肥料の代わりに有機堆肥を、除草剤の代わりに耕起を、化学農薬の代わりに自然農薬を。それによって土の中の微生物の環境が整い、葡萄の周りに大量の良質な酵母が戻ってきました。葡萄の収穫量は減りましたが、健全な完熟の葡萄が再び採れるようになったのでした。

その土地本来の味を表現するワインをつくるには、その土地にある、葡萄の周りにいる野生酵母を使ってつくることが重要です。新しい動きに見える自然派ワインは、実は昔から行われてきたことを継承している王道のワインなのです。

葡萄ジュースが野生酵母によって発酵したものが自然派ワインですが、そのいちばんの特徴は、飲みやすさです。亜硫酸を入れるとワインが固くなります[*1]。人間ののどは身体によくないものを取り込まないようにするからですね。だから亜硫酸なしのワインは飲みやすいのです。しかも、飲んだ翌日に頭痛がすることもありません。

自然派ワインを扱うときの注意点もあります。化学的（亜硫酸など）、物理的（フィルター、熱など）な処理をしていないので、微生物のバランスのみによってワインの味わいが保たれています。そのため高温で保存すると微生物のバランスが崩れて味が劣化するおそれがあるので、十四度以下（カーヴの理想的な温度）での保存が必要になります。

亜硫酸の効果

亜硫酸は、自然派ワインのつくり手として、避けては通れないテーマです。ほとんどのワインには亜硫酸が入っています。まず、なぜ亜硫酸が使われるのか、その効果について説明したいと思います。

まず、酸化防止効果。文字どおり、ワインの酸化を防ぎます。ラベルにも「酸化防止剤」として表記されているのでわかりやすいですね。エタノールは酸化するとエタ

*1 **（ワインが）固い** ワインの味わいが重くなって、感じにくいものになること。

ナールになるのですが、これと結合しワインの酸化を防ぎます（ほかのさまざまな分子とも結合します）。ポリフェノールや香りなどを酸化から守る役割を果たします。

次に、酸化酵素抑制効果。あまり語られることがないですが、実はこれも重要です。酵素というのは主にたんぱく質の一種で、触媒として化学反応を加速させることができ、酸化のスピードが速いので、ワインへの影響が大きいのです。葡萄ジュースの中にはチロシナーゼという酵素があり、これがワインを酸化させます。白葡萄のジュースが茶色になるのはこのせいです。チロシナーゼも亜硫酸があると、動けなくなります。灰色かび病[*2]が持っている酵素ラッカーゼはもう少し手ごわい存在です。亜硫酸の添加量にもよりますが、ラッカーゼの酸化させる力も一部抑制できます。

そしていちばん重要なのが、抗菌効果です。亜硫酸は微生物を抑える効果がありま す。具体的にはバクテリアを抑えます。バクテリアというと悪者に聞こえるかもしれませんが、乳酸菌もバクテリアの一種です。種類によっても違いますが、一般的にバクテリアよりも酵母のほうが亜硫酸に耐性があります。亜硫酸を入れることにより、バクテリアを抑えて、酵母が働きやすい環境をつくり出します。酵母もたくさんの種類があり、好都合なことに、人間にとってよい働きをしない酵母（酢酸を多くつくるなど）はだいたい亜硫酸に弱いことが多いです。

このほかにも、ポリフェノールなどの抽出を高める、白ワインの発酵前の清澄作業[*3]を助ける、などの効果もありますが、これを狙って添加するわけではありません。

＊2 **灰色かび病** 一般的なかびのこと。

＊3 **清澄作業** ワインの透明度を上げる作業のこと。

自然派ワインと亜硫酸

亜硫酸にはたくさんの効果があるので、醸造家みんなが使用します。ボルドー大学時代に亜硫酸無添加のワインの話をしたら、「そんなものは存在しない」と教授に言われた記憶があります。「亜硫酸を入れずにワインをつくれるわけがない」と。二十年前はそれが常識でした。それぐらい頻繁に入れるのです。葡萄を破砕（ピジャージュ）したら、すぐに亜硫酸を添加します。発酵が終わったらまた添加し、熟成中も遊離型の亜硫酸が少なくなったら足し、瓶詰め前に最後の調整をして添加します。使用するのは水溶液のものが多かったですが、亜硫酸ガスもありました。当時は、ワインにときどきある「馬小屋臭」がブレタノミセスという酵母によって起こることがわかり、それを防ぐために多めに亜硫酸を入れることが推奨されていました。

ただ、これほどたくさんのメリットがある亜硫酸ですが、もちろんデメリットもあります。添加量が多い場合の話をしましょう。あまりにも多いと香りに影響が出てきます。「刺激臭」と呼ぶ人もいるでしょう。そしてワインの味わいが固くなり、乾いた感じになります。これらは味わいの変化ですね。それ以外では、亜硫酸は乳酸菌を抑制するので、マロラクティック発酵[*4]が起きにくくなります。ワインを還元状態[*5]に持っていくので、メルカプタンなどの還元臭が出るリスクが高まります。これらはあくまでも添加量が多い場合の話ですので、適正量では問題ありません。

＊4 マロラクティック発酵 第二次発酵のひとつである、乳酸発酵のこと。リンゴ酸が乳酸菌によって分解され、ワインの酸度が落ちる。

＊5 還元状態 ワイン中の酸素が足りない状態。

亜硫酸には毒性がありますので、ワインへの添加量には上限が設けられています。人間が一日に摂取してよい量を基準として（DJA　体重一キロ当たり〇・七ミリグラム）、それよりも少なくなるようにするのは当然のことながら、ワインによっても上限は変わります。フランスでは赤ワインが一リットル当たり百五十ミリグラム、白ワインは二百ミリグラム。糖分が残っているワインではさらに高く、四百ミリグラムまで認められているものもあります（値はH_2SO_4換算）。瓶の中での再発酵を抑えるためですね。またアレルギー反応を起こす方もいらっしゃるため、最近ではラベルに亜硫酸添加の表示義務があります。一リットル当たり十ミリグラム以上含まれているものには表示義務があります。日本では一リットル当たり三百五十ミリグラムが上限です。

亜硫酸無添加のワインのはずなのに、裏ラベルに亜硫酸の表記があって、疑問に思った方も多いと思います。これには理由がありまして、亜硫酸を添加していなくても、アルコール発酵中に酵母がごく微量の亜硫酸をつくり出すのです。亜硫酸を一切添加しない私のワインでも、ラボに分析に出せば検知されます。ここで問題になるのは、ラボによって分析の精度が違うことです。ほとんどのワインは亜硫酸が多く入っていますので、そこを分析の基準としていきます。ほんの少し入っているか、まったく入っていないか、というごく微量を調べるためのセッティングはしていません。結果は、一リットル当たり十ミリグラム以下などの表記で上がってくるところもありますし、数字がちゃんと出てくるところもあるのですが、機械の誤差の範囲が大きかったりするので、意味をなしません。こういうわけで、念のためにラベルに書いているのです。私が亜硫酸を入れない理由は、単純に、ワインづくりに成功した場合、そのほうがおいしいからです。まずワインが柔らかいです。ジュースのようです。「飲みやすい」というのは飲み物にとって最高の褒め言葉なんです。ワインは棚に飾ってあったり、投機のためにあったりするのではなく、飲むものだと思っていますから。できればたくさんの人と分かち合えたら、なおよいです。

私が最初に自然派ワインを飲んだのはボルドー時代です。テイスティング能力もだいぶついて、フランス各地の生産者を訪ね、自分なりの味覚の地図ができあがりつつあるころでした。ボルドーの村の違いやシャトーの違い、年代の違いなど、一通り理解し、ブラインドで試飲したワインをどこのシャトーか話し合えるぐらいになったころでしょうか。いつものように、週末はフードジャーナリストの大谷浩己さんの家にお呼びいただいて、みんなでワインを飲んでいました。そのときに大谷さんが自然派ワインを飲ませてくれたのです。

衝撃を受けました。これまで飲んできたワインとはまったく違う、葡萄ジュースのようなワイン。どのように評価をしていいのかもわかりません。これまで培ってきた味覚の地図にまったく当てはまらないのです。飲みやすくおいしいのはわかるのですが、理解できない。そんな心境でした。

その年の夏休みに、大谷さんがフランス中の自然派ワインのつくり手をめぐる旅に出ると聞いたので、運転手として参加させてもらいました。この旅が自分の人生の岐路だったと思います。いまでは大御所になってしまった生産者を訪ねて回り、直接話を聞くことできました。どの生産者の話も腑に落ちるものがあり、真実を話してくれているのがわかりました。それまで訪れてきたワイナリーの多くは、大きいところだと案内係の話を聞くことや、もしくはオーナーや醸造長の話を聞くことが多かったのですが、商業的というか、ワインの本質に触れられるような話は意外に少ないものです。自ら葡萄畑で仕事をし、その葡萄を使ってワインをつくる、という人は案外少ないのです。大きな会社はみんな役割があって、栽培長は葡萄畑のみ、醸造長はカーヴのみと分担されています。それを全部自分で行って、全部の責任を自分でとる。そういう生産者の言葉には信念と真実がこもっています。

この旅が、自分の人生の方向性を決めることになりました。その後、ティエリー・アルマンのところで研修させてもらい、実際の自然派ワインづくりを勉強し始めることになりました。そして岡山へと続いていくなんて、とても不思議な思いがします。

いま思うと、自然派ワインを飲む前は、〝ワインを勉強している〟という状態だったのだと思います。このような香りがして、あの要素があって、グラン・ヴァンになる、と。体系だった学問を学んでいる感じです。それが自然派ワインに出会って、〝ワインを楽しむ・感じる〟という感覚に変化したのだと思います。新たな世界が広がって、それまでの世界が部分的なものになったのでした。

赤ワインができるまで。収穫後、葡萄を房ごとタンクに入れ、ふたを閉めて一週間ほど待ち、ピジャージュを行う。アルコール発酵が終わったら、プレス。樽に入れて熟成後、瓶詰めする。

大岡流ワインのつくり方

「自然派ワインをつくる」といっても、規則があるわけでもレシピがあるわけでもありません。それぞれの醸造家がさまざまな葡萄の状態に合わせて、葡萄以外のものを使わないようにワインをつくります。ここでは、私のところの標準的な方法をご紹介します。

葡萄は健全な状態で、なるべく熟したものを収穫します。腐敗果があれば、それは収穫しながら選別して、よいものだけを選りすぐります。初めて収穫をする人に教える際は、「自分が食べたいと思うものだけ収穫して」と指示を出します。よい年であればほとんどの葡萄をそのままバケツに入れ

左・ワインに使うには、まばらに粒がついた、小さな粒の葡萄がよい。つまり生食用とは逆。手入れもあまりいらず、作業時間も短くなるはずだ。

下・二〇一九年十一月、遅摘みのマスカット・オブ・アレキサンドリアの収穫。通常九月に収穫するものを二か月待って採ったが、期待したほど糖度は上がらなかった。

ることができますが、悪い年ですと選果《せんか》にとても時間がかかります。

収穫した葡萄は、果梗《かこう》を除かずにそのままタンクに入れていきます。私のところのタンクはすべて上部が開いているので、葡萄を入れやすくなっています。ワインづくりを始めたころは、あらかじめタンクの中にドライアイスを入れて、二酸化炭素を充填させていました。タンク内の酸素をなくして酸化を防ぐためにです。そんなことは面倒なので、だいぶ昔にやめてしまいましたが。

どんどん葡萄を入れていきます。タンクの中に葡萄がたくさん入り、タンクからはみ出るぐらい山盛りにします。タンクの中にはなるべくたくさんの葡萄を入れたほうがよいのです。入れすぎてしまってタンクのふたが閉まらないことがありますが、その場合はふたを葡萄の上に直接載せておけば、数時間後にはふたが閉められる位置まで下がっています。葡萄の重さで下のほうの葡萄がつぶされるからです。

このままふたを閉めて、一週間ほど待ちます。タンクの下のほうでは葡萄がつぶされて少しジュースが出ています。そこに野生酵母が増殖していって、発酵が始まります。発酵が始まるまではだいたい平均して二、三日かかりますが、年によって違います。スタートが早い年もあれば、遅い年もあります。経験上、収穫前が暑く乾燥していた年は発酵が早いです。葡萄の周りの酵母の量が多くて、葡萄自体の温度も高いからでしょうね。

発酵が始まると、タンクの中には二酸化炭素が充満します。葡萄は房ごと入ってい

て、ほとんどの実がつぶれていない状態です。このとき、葡萄の実の中では代謝が行われており、その現象を「マセラシオン・カルボニック」（以下M.C.）といいます。

フランス・ボジョレー地方のつくり方で、自然派ワインでも多用されるこのM.C.をよく理解していない人が多いようです。これは「発酵」でなくて「代謝」です。葡萄の実の中の酵素によってリンゴ酸、糖などが分解されて、アルコールやさまざまな副産物をつくります。約二パーセントのアルコールが生成され、あの独特な香り（バナナやイチゴのような香り）がこのときに多く生まれます。そして果皮も分解され、実が割れやすくなります。ボジョレーの新酒などではこのままM.C.を三週間ほど行って、葡萄を丸ごとタンクから出してそのままプレスをします。皮とジュースが接触しないので、タンニン分が少なく、軽やかで華やかなワインになります。

M.C.にもリスクはあって、タンクの下のほうに出たジュースによい酵母が増殖してくれればよいのですが、そうならないこともあるのです。そこからバクテリアが増えて揮発酸[*6]が上がったり、腐敗が進んだりすることもあるので、特に健全な葡萄を使う必要があります。

右頁・遅摘みのマスカット・オブ・アレキサンドリア。水分が抜けて干し葡萄のようになったものもある。白ワインをつくる場合は、通常、このままプレス機で果汁を搾って、果汁のみを発酵させる。

＊6 揮発酸 主に酢酸などから構成される香り。お酢の匂いと同じ。

発酵タンクの素材

収穫した葡萄を入れる発酵タンク（発酵槽）にはいろいろな素材と形があります。それについても簡単に説明していきましょう。まずは素材から。

一．ステンレスタンク

最も一般的なタンクだと思われます。ステンレス製ですからさびませんし、清掃作業も簡単です。薬品や熱による洗浄も行えます。しかし、断熱性はとても低いので、外気温の影響を受けやすいです。タンクの中や外に熱交換機をつければ、任意の発酵温度を保つことができます。

タンクの厚さはそれほどないので、思ったよりも破損しやすい点にも注意が必要で

右頁・小公子の収穫。赤ワインをつくるときは、果梗ごとタンクに入れ、マセラシオン・カルボニックの後、足で葡萄をつぶす。しっかりとした骨格のあるワインをつくるためだ。

す。ワインをタンクから抜くときに上のふたを開け忘れていると、内部が減圧してしまい、つぶれることもあります。フォークリフトで引っ掛けて壊してしまうこともよく聞く話です。

素材に帯電性がありますので、ワインの清澄には向いていません。ワイン中の色素の分子が電気を帯びて、なかなか下に沈まないのです。

二．木製タンク

昔ながらの素材です。木は樽と同じオーク（ナラ）が多いです。ほとんどが上部開放型ですから、ピジャージュに適しています。新品ですと最初の数年間はオークの香りがワインにつきます。断熱性が高く、収穫時期が寒い地域でもスムーズな発酵温度のカーブを描きます。

欠点は、洗浄が難しいことです。発酵が終わると、その後一年間は使用しないので、よく洗浄した後、乾燥させる必要があります。最後の洗浄にはマール（蒸留酒）を使うことが多いです。空の状態が続くと木が乾燥して縮まって液漏れをするため、使用する前に、数日間水を張って木を膨らませる必要があります。また上部開放型でふたがないため、発酵後はワインを貯蔵することができません。そして、高価です。

三．コンクリートタンク

コンクリート製のタンクは、醸造場の形に合わせてつくれるので、限られたスペースを有効活用できます。タンク内部には、アルカリ性のコンクリートの表面を中性に保つために酒石酸[*7]やエポキシ樹脂[*8]などによる加工が必要になります。断熱性は普通。洗浄はしやすいです。頑丈で壊れにくいのも特徴です。

南仏の大規模なつくり手が使っていることが多く、大量生産などのイメージがあります。それもあってコンクリートタンクをやめるつくり手が多かったのですが、卵型タンクの登場などにより、最近また評価が上がってきています。

四．そのほかのタンク

まずはファイバーグラス（FRP）タンク。個人的にはいちばん好きなタンクです。軽くて、洗浄もしやすく、価格も安いと三拍子そろっています。高級感はないですけど。薄くて軽いため、物理的ショックに弱いです。

次に鉄タンクというのもあります。ただし、いまはほとんどステンレスに変わってしまいました。ワインが触れる部分を加工しなくてはならなくて、その手間を考えるとステンレスのほうがよいからです。

そして磁器タンク・陶器タンクは最も古くから使われてきた素材です。最近ブームになりつつあります。土は酸素透過率（酸素が素材を通過する割合）が高く、ワインの損率[*9]

＊7 酒石酸　ワインを構成する酸のひとつ。ワインには、酒石酸、りんご酸、クエン酸をはじめ、酢酸、酪酸、乳酸、琥珀酸などの酸がある。

＊8 エポキシ樹脂　樹脂のひとつで、コンクリート製や鉄製のタンクの内側に塗って、ワインとタンクが直接触れ合わないようにするために使われる。

＊9 ワインの損率　ワインが熟成中に揮発する割合。

が高いです。内部が加工されているものと、そうでないものがあります。産地などによってさまざまな違いがあり、まだまだ発展途上と思われます。磁器に関しては、いたってニュートラルな印象を受けます。ただし両方とも壊れやすいので、設置場所もよく考えなくてはなりません。扱いは慎重を極める必要があります。

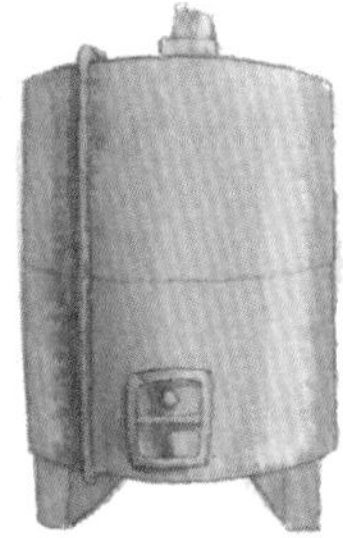
ステンレスタンク（閉鎖型）

陶器タンク

木製タンク（開放型）

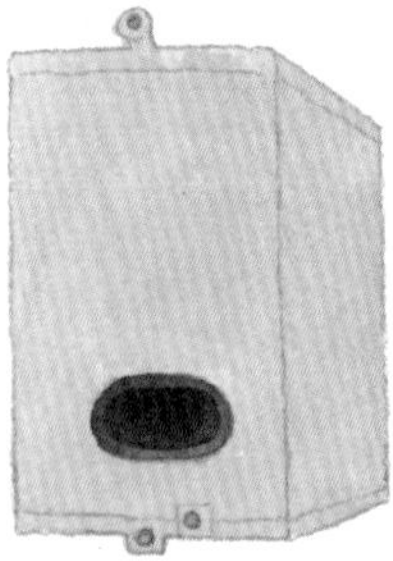
鉄タンク

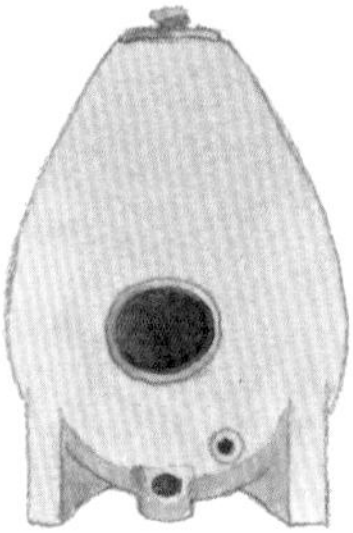
コンクリートタンク・卵型

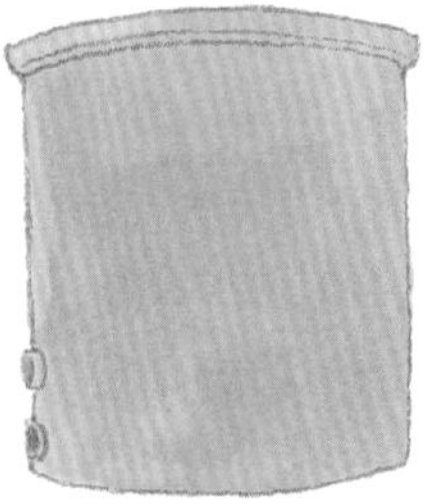
FRPタンク

発酵タンクの形

発酵タンクの形は、大きく分けてふたつ。上部開放型か、上部閉鎖型の二種類があります。

一．上部開放型

ピジャージュができるように、タンクの上部が開いている形です。そのため赤ワインに向いた形で、白ワインには向きません。タンクの大きさはだいたい十〜百ヘクトリットルぐらい、深さは二、三メートルほどです。大規模なワイナリーでは、これではサイズが小さすぎるので、小規模の生産者が使うことが多いです。

開放型なので、貯蔵には向いていません。タンクの形が円筒型であれば可動式のふたをつけることができます。

上部開放型で、上部が少し狭まっている円錐型のものをフランス語で「トロンコニック」（tronconique）といいますが、木製のタンクは通常この形になっています。上に行くほど狭くなるので、葡萄の皮が浮きづらく、ワインに浸かっている時間が長くなるという特徴があります。

二．上部閉鎖型

タンクの上部が閉まっており、代わりに小さな煙突のようなものがついていて、そこから葡萄やワインを入れていきます。ピジャージュはできないので、抽出はルモンタージュ[*10]のみになります。そのため、ルモンタージュをする赤ワインと白ワインに向いた形になります。ワインの貯蔵も可能です。タンクの大きさに制限はなく、ものすごく大きくて屋外に置かれているものもあります。

このほか、卵型のタンクが近年使われ始めています。二十年ほど前に誕生したと思いますが、コンクリート製で卵の形になっていて、尖ったほうを上にして立っています。赤ワインでも白ワインでも醸造可能です。「ワインが容器の中で対流を起こして回っている」という理論を発展させたもので、発酵がスムーズで還元状態も少ないと話には聞きますが、現段階では高価で、場所も取ります。

どのタンクにも下に扉をつけて、そこから葡萄の皮を出したり、バルブやテイスティング用の蛇口などをつけたりすることが可能です。便利な反面、そこに不具合があると、ワインが漏れるリスクがあります。

これらのタンクの知識があれば、つくり手の醸造場に行ったときに、どのようなつくりをしているのかが、ある程度わかります。つくり手はワインの品質、作業効率、設備費などのバランスを考慮してタンクを選ぶため、自分の生産規模、目指したいワインなどが醸造器具に表れるからです。

＊10 ルモンタージュ　醸造中の赤ワインをタンクの下部から出して、上部からマール（ワインの中に浸けてある葡萄の果皮や果梗の塊）にかけること。タンニンなどの要素を抽出するために行う。

葡萄を破砕しておいしさを抽出する

ワインづくりの工程に戻りましょう。葡萄をタンクに入れてマセラシオン・カルボニックが進み、実が割れやすくなったところで、ふたを開けてタンクの中に入って、足で葡萄をつぶす「ピジャージュ」(破砕)という作業に移ります。私は香りだけのワインではなくて、しっかりと骨格のあるワインが好きなので、あえて実をつぶして皮と果梗をジュースにしっかり浸けて、そこからタンニン分などを抽出していきます。

「自然派ワインはどれも同じ味がする」という意見を耳にすることがあります。それは、ピジャージュをせずにマセラシオン・カルボニックだけを行っているつくり手が多いからだと思います。抽出を最低限に抑えて、発酵も低温で行い、発酵由来の香りが多いという、共通のスタイルのワインが多いように思います。完熟していない葡萄を使っても、テクニックによってこのようなワインはつくれるので、つくり手としてはつまらないワインだな、とは思います。ただ、「飲みやすくて華やかでフルーティー」と、一般受けしやすいのも確かです。最近では〝うすうま〟などといっていますが、一言でいえば薄いのです。そこから抽出によって味に厚みを持たせていこうとすると、完熟していない葡萄だと悪い要素も抽出されてしまうので、えぐみが出てきます。ですから、完熟したよい葡萄を使う必要性があるのです。未熟の葡萄の一部だけを使ったものと、完熟の葡萄全部を使いきったもの、どちらが土地の味を表現できているか、考えてみればわかっていただけると思います。最終的には嗜好品なので、好きなものを飲んでもらえればそれでよいのですが……。

話をピジャージュに戻しましょう。「なぜ足で踏むのですか？」とよく質問されます。それを理解するには、実際にやってもらうのがいちばんです。一般的には、きれいな娘さんが楽しそうに葡萄を踏んでいるイメージがありますが、あれは嘘とまではいいませんが、かなり現実と異なる演出といえます。実際はかなりハードな作業です。私のところには二千リットルぐらいのタンクがあるのですが、そこには一・五トンぐらいの葡萄が入っています。高さでいうと約二メートル分の葡萄です。それを足で踏んでいくのです。それも、なるべく底のほうの葡萄まで。

タンクに入ると、普通に葡萄の上を歩けます。葡萄はそう簡単にはつぶれないのです。みなさん、小粒なデラウェアでも、二本の指を使って実を押し出しますよね。あの粒が大量にあれば、ちょっと踏んだぐらいではつぶれないのです。タンクの底に軽く敷き詰められている程度ならば簡単につぶしていけますが、高さ二メートルもの葡萄が入っているとクッションのようになっていて、なかなかつぶれません。片足ずつ、かかとに全体重を集

左・白ワインに使う葡萄は、通常そのままプレス機に入れるが、マスカット・オブ・アレキサンドリアは固くてつぶれにくいので、足で踏んでからプレス機に入れている。

中させて、下まで沈めるように押していきます。片足はすっぽりと葡萄の中に入ってしまうので、足を引き抜くのが大変です。今度は、いま開けた穴の縁の辺りをもう片方の足のかかとで、また底まで力を込めて沈めていきます。二千リットルのタンクに入った葡萄をつぶすには、大人でも三十分以上はかかります。タンクの下のほうは発酵しているので二酸化炭素が多く、酸素が少ないので余計ハードな作業になります。現実的に、足以外ではできません。この作業をタンクの隅々まで行うと、ジュースが出てきて、表面の葡萄が浸かるぐらいになります。初日はこれで作業終了です。

足を一か所に入れて下へと踏み続けるので、葡萄は割れますが、皮がこすれて粉々になったり、果梗を折って砕いたりしてしまうことはありません。これが足で行う大きなアドバンテージです。見た目はものすごく乱暴に扱っているように見えるのですが、実はすごく優しく破砕しているのです。葡萄が丸ごと入っているので、果梗がクッションの役割を果たすことも、抽出を優しく行える一因となります。機械などで破砕してしまうと、まず果梗が折れますので、果梗からの抽出が激しく行われてしまいますが、足で踏むことでそれを防いでいるのです。

左・足でつぶしたマスカット・オブ・アレキサンドリア。この後、水平式プレス機に入れて搾り、果梗や皮は捨てる。白ワインはジュースのみを発酵に使う。

ピジャージュ二日目になりますと、作業自体はだいぶ楽になりますが、発酵が少し始まっているので、タンクの上に扇風機を設置して作業者に酸素が届くようにしながら作業します。二日目に下のほうの葡萄までしっかり踏んでおかないと、三日目からは発酵が進んで、深いところまで踏むことが難しくなるので、注意が必要です。

三日目になると、発酵がますます進み、ブクブクと二酸化炭素が上がってきています。タンクの上に棒を渡して、それにつかまりながら作業をします。葡萄の皮とジュースが完全に分離して、皮が上に浮いている状態になります。皮を足で下に沈めるのですが、ある程度の深さの皮の下は液体なので、下にそのままズボンと沈んでしまいます。沈んでしまうと、酸素がない状態ですので、気を失ってしまって死んでしまいます。そうならないように扇風機を回して、棒につかまりながら慎重に作業をしていきます。発酵温度も上がっていますから、中に入ると暖かく、発酵の神秘を体験できます。

なおアルコール発酵の温度は、室温から始まって、二十五〜三十度ぐらいまで上がってから、自然に温度が落ちるのが理想です。温度が高いほど抽出が強まりますので、葡萄が完熟していることが条件です。収穫時の葡萄の温度が高いと、発酵がすぐに始

左・大量の葡萄は簡単にはつぶれないので、一踏みごとに全体重をかける。写真はピジャージュ初日を終えたところ。液面が上まできている。

まり、温度もどんどん上がっていくので注意が必要です。三十五度ぐらいを超えてくると、熱により発酵が止まることがあります。このとき葡萄のジュースの温度を計りますが、上のほうに浮いている皮の中の温度はさらに高いです。ですので、暑い日の収穫は午前中だけで終わらせて、なるべく冷たい葡萄を収穫したほうがよいのです。暑すぎる場合は一度冷蔵庫に入れて冷却するつくり手もいます。葡萄を冷やして、低温で発酵させるためです。一般的に、酵母はバクテリアよりも低温で活動できますので、低温で発酵させれば亜硫酸を入れなくても順調に発酵が進みます。また、酵母は低温で発酵すると繊細な香りをつくるようになるので、エレガントなワインに仕上がりやすいのも特徴です。ただし、低温なので抽出は弱くなります。

発酵の終盤になると、二酸化炭素の泡の出る量も減ってきますので、棒などを使って皮を沈めることができます。

このピジャージュの作業を一日最低一回、およそ十日間行います（ワインによってまったく異なりますが）。多くのつくり手は日に二、三回行います。抽出を抑えようと数日に一回ということも試したことがありますが、おすすめはしません。葡萄の皮が長期間

左・発酵の真っ最中。足で果皮や果梗に穴を開けると、ピンク色の泡が上がってきていることがわかる。果皮や果梗の下は液体だが、上がってくる泡の力で、上に乗っても容易には沈まない。

ジュースに浸かっていないと、そこに雑菌が繁殖してワインに悪影響を及ぼすリスクが高まるからです。

ピジャージュのやめどきと葡萄の熟成度

ピジャージュの作業をしていると、「このワインをどのように醸造していこうか」というアイデアがよく湧いてきます。ワイングラスの中でもワインの香りは強いと思いますが、そのワイングラスの中に身体ごと入っているようなものなので、情報量がとても多いのです。タンク内部でも場所によって発酵温度の違いがあること、泡の上がり方、香りの変化などを文字どおり〝体験〟できるわけです。そうやって今後の醸造の道筋を決めていきます。

発酵中のテイスティングは、葡萄ジュースとワインの中間の状態なので、温度も通常のテイスティングのときより高くなります。まずワインが健全に発酵しているかどうかを判断した後、いつ抽出を止めるか、その判断に移ります。

葡萄は熟成していくにつれて、タンニンが重合して質がよくなり、またその抽出率も上がっていきます。よいタンニンから抽出されていって、最後のほうに質のよくないタンニンが抽出されます。完熟した葡萄はもともとのタンニンの質がよいので、抽出は短くても長くてもよく、判断は気楽です。一方、葡萄が熟していないときはとても慎重になります。もともと味わいが薄いのでしっかり抽出させたいのですが、少しでも行きすぎると荒く青いワインになってしまいます。これらを踏まえて、香りや味わいの変化を毎日見ながら、ワインをタンクから抜く日を決めます。自分のプレス機の性質など、これからの作業によるワインの変化を予測して決定します（この辺りは経験に基づくことが多いと思います）。翌日にプレスをすると決めたら、その日はピジャージュを行いません。すべての葡萄の皮を濡らしてしまうと、プレスの作業が長くなってしまうからです。

プレス前夜――樽の準備と空き樽のジレンマ

これ以上の抽出はマイナスになると判断したら、タンクからワインを抜きます。タンクの中には葡萄の皮と果梗が残っていて、そこにワインもたくさん残っているので、それを圧搾してワインを搾り出します。それが「プレス」作業です。

私のところでは、ほとんどの場合、アルコール発酵が完全に終了する前にプレスをかけます。過度の抽出を嫌うから、ということもあるのですが、タンク内の皮がまだ上部に押し上げられている発酵中なら、タンク下部についているバルブからワインをスムーズに抜くことができるから、というのが大きな理由です。発酵が終了した後も果皮を浸けておく場合は、あらかじめタンクの中のバルブの前にザルのようなフィルターをつけます。バルブに皮が詰まってワインが流れなくなるのを防ぐためです。

プレスをする前日には、プレス機を洗って準備をし、同時に樽の準備もしていきます。樽には昨年醸造したワインが入っているので、ワインを抜き取ってタンクに移します。空になった樽を水やお湯で洗浄して、翌日、プレスするワインを入れていきます。空になった樽は、洗浄したとはいえ滅菌はしていないので、空のままで長期保存する場合は硫黄による燻蒸《くんじょう》の作業が必要となります。燻蒸しないと酢酸菌が繁殖し、お酢の香りがついてしまうからです。私は亜硫酸を入れないつくり方をしていますので、樽の滅菌作業もしたくありません。それを実現させるためには、樽の中に常にワインが入っている状態にすることが必要です。そのため、プレスの前日にアッサンブラージュ（ワインをブレンドすること）を行い、ぎりぎりまで樽がワインで満たされている状態を保たせています。

ワインのタイプによっては、一年間の熟成に適していないもの、量が少なすぎて補液*11できないものなども出てきます。そうすると樽が長期間空の状態になってしまうので、その際は瓶詰めをして空になった樽を洗浄した後、しかたなく硫黄による滅菌作業を行います。このような樽は、ワインを入れる前にもう一度洗浄した後、樽の中に水を張ります。水を張って漏れがないかを確認すると同時に、中にある硫黄を完全に取り除くためです。

左・主に赤ワイン醸造に使う垂直式プレス機。皮と果梗ごと発酵させたタンクからワインを抜き、残った皮と果梗をプレス機に入れる。

＊11 補液 樽の中で熟成するワインは揮発したり、樽に吸収されたりして減っていくため、同じワインを注いで満杯にすること。

二種類のプレス機

うちには水平式空気圧式プレス機と垂直式プレス機、二種類のプレス機があります。垂直式はかなり大型のもので、四千リットルのタンクに入っている赤ワインが一度にプレスできる大きさです。とても優れたプレス機ですが、大きいことはいいことばかりではなくて、少量ではプレスできないという欠点があります。高さ一・五メートルぐらいの層になった葡萄の皮を三十センチぐらいの厚みにまで圧縮して搾ることができますが、最初から五十センチぐらいの皮の量しかないと、搾ることができないのです。

そのため、少量のプレス用に、一千リットルの空気圧式プレス機が一台あります。フランスでいちばん古い型の空気圧式プレス機で、つくられてから五十年以上経っています。空気圧式プレス機は、中のゴムの風船が膨らんで皮を外側のかごに押し付けて搾っていく仕組みで、皮の量が少なくても搾れます。これはインターネットで見つけて百ユーロ（購入当時で一万三千円くらい）で購入しました。購入当初、内部のゴム風船は破損して使える状態ではなかったので、パーツを全部分解してエポキシ加工を施し、内部のゴムは業者を探してつくってもらいました。同じ型のプレス機をタン・エルミタージュ村のダール・エ・リボ（Dard & Ribo）という自然派ワインの生産者が所有していて、すべ

左・搾った後は、垂直式プレス機の木枠を外して解体していく。枠にも鉄のタガがはまっていてとても重い。ふたの上には均等に力がかかるように、木材を置いている。

て教えてもらいながら作業をしました。感謝しています。

プレス当日――よいものは少ししかとれない

プレスでいちばん大事なことは、皮や果梗を破砕させないように搾ることです。破砕させてしまうと、荒いタンニン分が抽出されてしまいます。また、固形物が多く出てくるのでワインが濁ってしまいます。いかに皮や果梗を壊さずに押して搾っていくかが大事なのです。

垂直式プレス機を使った場合の、実際のプレス作業はこんな調子です。タンクからワインが抜けたら、タンクの上に扇風機を設置します。タンクの中に酸素を送らないで中に入るのは危険です。酸素があることを確認してから、タンクの中に入ります。バケツを持って入り、大きな作業用のフォークを使ってバケツに皮と果梗を入れます。もう一人が外でそのバケツを受け取って垂直式プレス機に均等に入れていきます。皮はプレス機の上に組まれた木枠の中に均等に入れていきます。一か所だけに集中して入れてしまうと、プレスをしたときに均一に押すことができず、搾り残しができてしまいます。

この作業をひたすら繰り返します。最初のほうは作業する人がタンクの上のほうにいるので、バケツの受け渡しも楽ですが、タンクの底のほうに近づいていくと、バケ

左・木材とふたを取り去ると搾りかすが現れる。搾りかすは「ガトー」(ケーキの意味)と呼ばれている。

ツを持ち上げるのも、引っ張り上げるのもつらくなってきます。底のほうでは空気も少なくなっていて、作業がはかどりません。最後はタンクの内側全体をワイパーできれいにして、澱《おり》もすべてプレス機の中に入れます。

こうして集めた葡萄をプレス機の枠組みに均一に入れたら、その上に木製の板を敷いていきます。このとき、枠組みと板が触れないようにバランスをとりながら置いていきます。触れてしまうとその部分に圧力がかかり、板が割れてしまい、搾ることができません。板でふたをしたら、その上に何本もの大きな木を等間隔に配置し、さらにその上に垂直方向にクロスするように木を重ねていきます。かかる圧力を均等に果皮に伝えるために、木と木を慎重に配置していくのです。私が使っているような大型のプレス機になりますと、最後に置く木などは男二人でも持ち上げるのがやっとの重さです。

すべて組み上がったら、軸の上にある「ダム」と呼ばれるナットの部分を回転させて閉めていきます。大人二人が全力で体重をかけて「もうこれ以上回らない」となったら、準備完了です。

モーターのスイッチをオンにすると、モーターのベルトが回り、たくさんの歯車を動かして、プレス機の中の軸が動いているのかもわからないような速度でゆっくりと回転していきます。軸を回転させることによって、ナットが下りてくるという仕組み

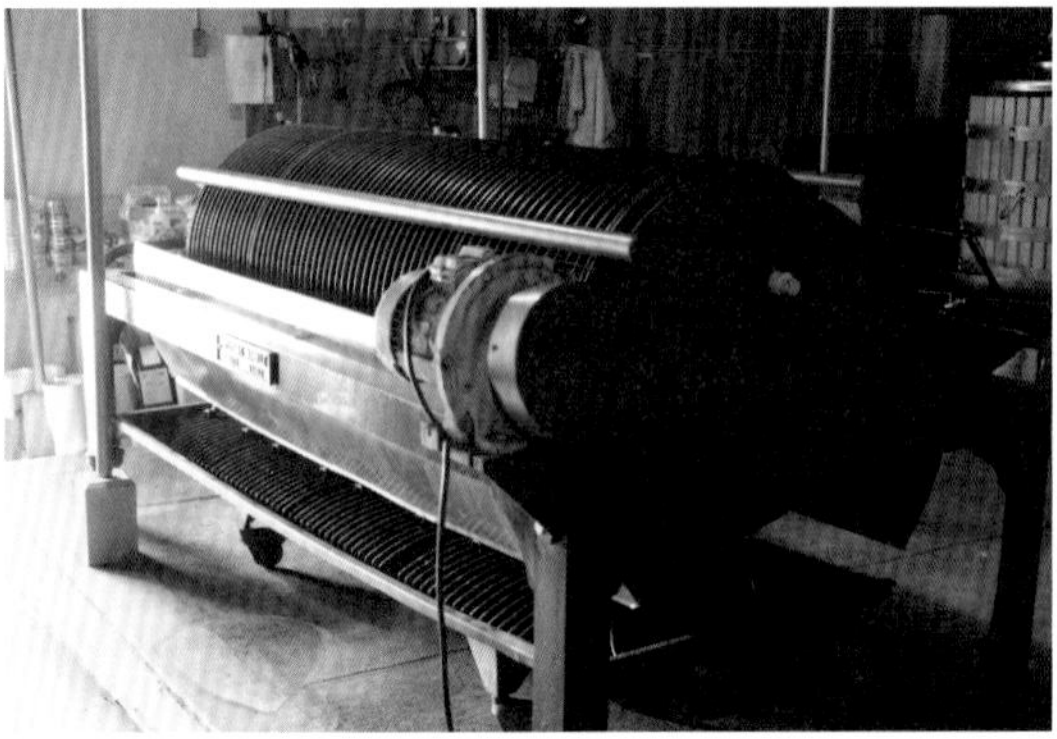

左・この水平式プレス機は一九六〇年代にできた最初期のもの。少量でも繊細な力でプレスできる。ただし、鋳物ですごく重いので扱いづらい。

左頁・水平式プレス機につぶしたマスカット・オブ・アレキサンドリアを入れたところ。中のゴム風船が膨らんで葡萄を押し付け、ジュースを搾る。

です。
モーターが動き出すと、ワインが枠からあふれてきます。最初のワインは濁っていますが、すぐに透明になります。これがこのプレス機の最大の特徴です。葡萄の皮に含まれたワインは上から圧力をかけられるので、下か、横に押しやられます。そのワインはほかの皮の間を通って受け皿まで流れてくるので、皮がフィルターの働きをして、きれいなワインとなって出てくるのです。昔の人の知恵には驚かされます。

ワインがたくさん出てきたら、モーターを止めてしばらく待ちます。ワインが出てこなくなったら、またモーターを回すと再度圧力がかかり始めて、またワインが出てきます。この作業を一日中繰り返します。だいたい五時間ぐらいで、ある程度搾れます。これ以上は搾れないというところまで搾って、三時間ほど待ちます。三時間も経つと、その間に出てきたワインの分だけプレス機内の圧力が下がるので、さらにまた圧力をかけることができます。これを翌朝まで繰り返し、二十四時間プレスをします。その間、一度も圧力を弱めたり、中を解体してかき混ぜたりすることはしません。

左・水平式プレス機の下にジュースが落ちる。最初は力をかけなくてもどんどん出てくる。

突然ですが、雑巾を絞るときを思い出してください。一度ねじって水を絞った後、力を抜いてまた広げて、さらにもう一度絞るとまた水が出ますよね。ワインのプレスも同じ原理が働きます。一度搾ったものを解体し、かき混ぜてまた搾ればさらにワインは出てきます。でも、かき混ぜるときに葡萄の皮などを破砕してしまうので、ワインの質は落ちてしまいます。

量をとるか、質をとるか？　生産者のジレンマです。ここで一回かき回せば、あと百リットルはとれる。ということは、さらに百二十本のワインがつくれるから、これだけの売り上げがプラスになる、なんて考えてしまったら、もう負けです。経営者としては正解なのかもしれませんが、つくり手としては二流です。ワインづくりを始めたら、お金のことを考えてはいけません。よいものは、残念ながら少ししかとれないものなのです。

そのため、うちでは丸一日かけてゆっくりプレスをして、そのままプレス機を解体して終了、となります。フランスでしたら、この搾りかすは蒸留所に持っていって「マール」と呼ばれる蒸留酒になります。アルコールが貴重だったころの名残でしょうけど、フランスでは搾りかすを国に税金として納めなくてはならず、いまだにこの

左・水平式プレス機で搾った葡萄かす。畑で堆肥となる。

法律があるので、生産者は搾りかすを物納しています。日本では畑の肥料にしたいという人にあげています。また土に帰っていくのもうれしいですね。

フランスでの話になりますが、この搾りかすを隣村の広場に来ている蒸留屋さん（ちなみにフランス語でdistilleriesといいます）に持っていきます。この季節にだけサヴォワ地方の蒸留屋さんが、蒸留器を車の後ろに引いてやってくるのです。蒸留屋さんは、パリのルーブル美術館の中庭にあるガラスのピラミッドぐらいの大きさに積まれた搾りかすをどんどん蒸留していきます。蒸留されたマールが出てくるところにはオジサンたちが集まって、ワインやマールを飲んでいます。パンとソーセージとチーズがそこにはいつもあって、今年の作柄などを仲間と話し合います。フランスでも飲酒運転の取り締まりは厳しくなってきましたが、日本のようにゼロではなくて、ビール一杯ぐらい（その人の体重などによりますが）なら認められています。

この蒸留屋さんに豚肉とジャガイモを持っていくと、蒸留器の中で蒸してくれます。これがまた絶品なのです。マールの香りがついた蒸し焼きで、触感の残った葡萄の種がアクセントとなり、自然とワインが進みます。料理代として蒸留屋さんにワインを一本渡すことが決まりとなっています。こんなディープなフランスの伝統がいまも残っていることをとてもうれしく思います。仕事中に酒を飲んで、しかもそれを使って二次的に料理までして、挙句の果てに飲酒して運転して帰るのですから、日本だったらすぐに中止になってしまうでしょうね。

どんな素材で熟成させるか

次に、ワインが瓶に入るまでの「熟成」について話をしてみたいと思います。フランス語では「elevage」(エルヴァージュ)といい、〝育てる〟に近い意味合いがあります。ちなみに「瓶内熟成」は「vieillissement」(ヴィエイッスマン)で〝年を重ねる〟という意味になります。同じ熟成でも単語が違うなんて、さすがワインの国ですよね。

アルコール発酵を終えてプレスされたワインは、瓶詰めまでの期間、何かの容器に入れられていきます。タンク(ステンレス、コンクリート、グラスファイバーなど)、木樽(小樽、大樽など)が一般的です。特殊なものだと大型のガラスや陶器、磁器などでしょうか。

どのようなワインに育て上げたいか、それに合わせて容器の材質、大きさ、期間を選んでいきます。ひとつずつ、その特徴を見ていきましょう。

タンク熟成

タンクの素材には、ステンレス、コンクリート、グラスファイバーなどがあります。ステンレスは、酸素透過率がほとんどないので、熟成のスピードは非常に遅いです。裏を返せば、フレッシュ感を長く保つことができます。タンクの容量は小さいものから大きいものまであるので、醸造場のスペースも効率化できますし、管理もしやすいです。

ステンレスのような帯電性がある素材の場合、澱などが落ちるスピードは遅いです。大きいタンクになると、通常は醸造場内に配置されているので、カーヴの温度より冬は寒く夏は暑い傾向にあります。容器についた微生物に汚染されるリスクは少なく、衛生的です。空の状態で長期保存しても、タンクに問題はありません。

コンクリートやグラスファイバーの場合はステンレスタンクより酸素透過率が高いですが、樽に比べれば低いです。

木樽熟成

オーク（ナラ）の樽で熟成させます。アカシア、栗などもありますが、例外的です。木樽は酸素透過率が高いため、ワインの味わいが変化していきます。樽の大きさが小さければ小さいほど、ワインの容量に対して樽内側の表面積の割合は増えるので、熟成のスピードは速くなります。「バリック」（barrique）と呼ばれる二百二十五〜二百

右頁・フランスで使っていた古い樽を日本に運び、続けて使っている。写真の樽はバリック（二百二十八リットル）。ワインをつくっている友人から中古で買い取ったもの。

二十八リットルの小樽が一般的です。ボルドーのシャトーなどの写真を見ると、きれいに並んでいる小樽がありますが、だいたいはこの樽です。もちろん熟成のスピードは速いです。「フィエット」(fiette)と呼ばれるもっと小さいものもありますが、ワインの熟成がもっと早く進み、劣化するリスクも高いので、めったに見ることはありません。区画ごとに分けて醸造しなくてはいけないブルゴーニュでたまに見るぐらいです。もう少し大きいと、三百リットル、三百五十リットル、四百リットルなどもありますが、次に使われるのが多いのは六百リットルの「ドゥミ・ミュイ」(demi muid)と呼ばれるサイズです。これは、私がいたローヌ地方の伝統的なサイズです。これ以降は、千リットルぐらいから一万リットルを超えるものまでが「フードル」(foudre＝大樽)と呼ばれます。大きくなればなるほど酸素透過率の比率は下がり、タンクでの熟成に近づいていきます。ただし、タンクと違って帯電性はないので、ワインが発酵を終えるとスムーズに澱が下りて、ワインが透き通ります。形も丸くてワインが対流するので、タンクとは違う熟成をするようです。

樽を空にしたときに移動させて洗えるのは六百リットルのドゥミ・ミュイのサイズまでで、それ以上はカーヴに据え置きになります。樽の中に入って洗うようになります。

木である以上、空にしてしまうと乾燥しますし、雑菌が繁殖しやすいので、保存には気を遣います。かび臭くなったり、ブレタノミセスという好まれない酵母や酢酸菌

左頁・樽についた黒かびが重要な役割を果たす。アルコールを食べて増えるこのかびがあるおかげで、不快な匂いの原因となる白かびが生えない。

が繁殖したりすると、その中に入れたワインは駄目になってしまいます。

ガラスや磁器はニュートラルな素材なので、ステンレスタンクとほぼ変わりません。ただし形状は違うので、ワインの対流には影響があるでしょう。特にガラスの場合は、光が入るとワインが還元的になります。

熟成に何を期待するのか

ざっと熟成させる容器について説明しましたが、そもそも熟成とは何を期待しているのでしょうか？　一般的には、タンニンを重合させることが大きな目的だと思います。小さなタンニン同士がくっついて大きくなることです。そうなることで味わいが丸くなるのです。そのために酸素が必要なんですね。

さらに熟成させることによって、ワインの味わいも安定していきます。ワインから澱が落ち、余分なものが取り除かれて研ぎ澄まされていくイメージです。役目を終えた微生物たちも下に溜まっていきます。

そしてさらに時間をかけることによって、ワインの味わいに厚みが増していく場合もあります。一年間小樽で熟成したワインには澱がありますが、それをもう一年さらに熟成させますと、澱がほとんどなくなります。ワインの中に溶けてしまうのです。澱の一部は酵母ですが、たんぱく質が分解されてアミノ酸などになってワインに溶け出すのです。酵母エキスは調味料やサプリメントとして使われていますから、納得していただけると思います。

樽でワインを熟成させると、ワインが蒸発して減っていきます。〝天使の分け前〟と呼ばれるものですね。ワインが減ってくると、樽の中でワインが空気と接している液面ができてしまいます。樽は丸いですから、最初は小さかった液面が下がることによりどんどん広くなってしまい、多くの酸素と触れて酸化するか、もしくは好気微生物が増殖するリスクが高まります。それを防ぐために、月に一度ほど補液をします。樽からあふれるぐらいのワインを上から注ぎ足します。こうしてワインの酸化を防ぐのです。

私のところでは一切しませんが、小樽で熟成中に澱引き[*12]をするつくり手も多いです。ボルドーでは三か月に一回行われていました。これは本来の澱引きの目的のほかに、ワイン中の亜硫酸濃度の調整という目的もありました。亜硫酸を入れるとワインが還元状態になりやすいからです。還元臭がしてきたので、酸素と触れさせようと澱引きをし、また亜硫酸を添加してまたワインが還元する、という負のスパイラルに陥っているように私には思えますが。もともとは、醸造中にできるだけタンニン分を多く抽出し、熟成中にその質を変えていこう、という考えなのです。

熟成をコントロールする

さて、ここまで話したことは一般的な醸造学の話です。ここでは、ワインのつくり

＊12 澱引き ワインを清澄し、酸素を取り入れるために、ワインの上澄みのみを取り出して、下に溜まった澱を捨てること。

手でもほとんどの人が知らない話を、お伝えしましょう。ごく一部の極めた職人しか知らない話です。

先ほどワインが樽から蒸発する話をしました。この蒸発量はカーヴの環境によるのですが、具体的には温度と湿度によって、ワインの中の水が多く蒸発するのか、アルコールが多く蒸発するのかが変わってきます。熟成させるカーヴによってアルコールがどんどん高くなっていくものもあれば、低くなっていくものもあるのです（アルコール度数は水とアルコールの割合なので）。

寒い年に採れた葡萄は、アルコール度数が低く、線が細いワインになります。それを乾燥した暖かいカーヴに置くことで、水を優先的に蒸発させて、ワインを濃縮していくような熟成をさせます。逆に暑い年のワインは、冷たく湿度の高いカーヴに入れてアルコールを飛ばして、ワインのボリュームを抑えていくのです。

それらの特徴を理解しながら、樽の大きさ、期間などを考えて熟成させていきます。もっと突き詰めると、その樽をカーヴのどこに置くか、ということでも変わってきてしまうのです。それぐらい微細な違いに気づいてワインをつくっている達人もいます。

最後の瓶詰めで味が決まる

ワインのつくり手が行う最後の仕事が「瓶詰め」です。瓶詰めをしてしまったら、その後はもう何もできません。瓶の中で熟成しておいしくなるのを待つのみです。

この瓶詰めの作業は、とても重要です。頑張って葡萄を育て、完熟で摘んで、正しく醸造しても、最後のこの作業で台無しになってしまうこともあります。

まず重要なポイントが、「いつ瓶詰めをするか?」ということです。ワインの熟成のカーブを理解し、ピークの直前に瓶詰めをします。ワインをつくり始めた時点の味から、熟成とともに変化していくようすを理解し、将来の味を予想する能力が必要です。これは経験によって得られるところが多いでしょう。

「ピークの直前」と書きましたが、これには理由があります。瓶詰め作業が行われる

右頁・遅摘みの葡萄を使った「神楽月」（かぐらづき）の瓶詰め。手動式のシンプルな瓶詰め機を使っている。ワインがいっぱいになると弁が働いて、自動的に止まる。

とワインが動き（つまり変化し）、少なからず酸化するからです。ワインがどれくらいショックを受けるのかは、瓶詰めのしかたによって変わります。私のところでは、なるべくワインに負担をかけないようにするために、ポンプを使わずに重力によってワインが流れるようにしています。具体的には、樽やタンクなどを、フォークリフトを使って持ち上げます。そのようにしてもワインは動き、瓶詰め機の中や、瓶の中の酸素と触れるので、ワインは酸化します。

その瓶詰めの作業に耐えられるようなワインの体力を残した状態（＝熟成ピークの直前）で、瓶詰めをするのです。ソムリエがワインの抜栓を少し早めにしたり、カラフ[*13]に移したりしたくなるような状態です。そして瓶詰め後、ワインを休ませると、さらにおいしい状態に持っていける、という流れになります。

ワインを瓶詰めした後、数日間はワインが開いて[*14]いておいしいのですが、その後、ワインが閉じていきます。瓶詰め後二週間ぐらいがいちばん閉じています。このようなワインを試飲していただくと、つまらないワインだと判断されてしまいます。醸造家はワインの味わいを流れとして判断できますが、初めてこのワインを飲む人は、このときの味わいを素直に記憶し、その後の変化の予想はできないものです。私はこの時点での試飲は、関係者以外には行わないようにしています。ワインもおいしくない状態で飲まれてかわいそうですし、もったいないです。ワインのタイプによりますが、若いワインなら一、二か月で瓶詰め前の状態に戻ります。古いワインだと一年以上か

＊13 カラフ　デカンタともいう瓶状の入れ物。ワインを注ぎ入れて空気に触れさせることで、香りを出したり、適温に調整したり、タンニンをまろやかに感じさせる。また、古いワインの場合は澱を入れないように上澄みをカラフに入れることもある。

＊14 (ワインが)開く・閉じる　ワインの味わいや香りが際立つことを「開く」といい、逆に味わいや香りが一時的に著しく減ってしまうことを「閉じる」という。

かることも多いです。一般的に、熟成にかかった年月と同じだけ、瓶詰め後も待たなくてはいけないという経験則があります。樽で一年間寝かせたものは瓶詰め後も一年間待たなくてはいけない、というわけです。あくまでも原則なので、ワインのタイプによってこれはだいぶ変わってきます。

「いつ瓶詰めするか」が大事なわけ

瓶詰めの日を決めるのに、私は月や天体の動きを見て決めています。月の動きは満ち欠けと、上げ下げがあります。基本的に月が欠けていく相で、できれば月が昇っているとき。そしてそれが「果実の日」に当たるときに瓶詰めをします。一か月に二、三日あるかどうかですね。「月が欠けていくときは微生物の力が落ちていく」といわれています。瓶の中ではもうワインに動いてほしくはないので、微生物の力が落ちるという月の欠けていくときに行うわけです。アッサンブラージュ（ブレンド）などを行う場合は、逆に微生物の動きを止めないために、月が満ちていくときのほうがよいとされています。

果実の日というのは、星座の位置によって、暦を根っこ、葉っぱ、花、果実の四つに分ける方法がビオディナミ*15にあるのですが、その果実の日を選ぶと、ワインがよりフルーティーになるとされています。白ワインだったら花の日もいいでしょうし、テロワールをより出したい赤ワインだったら、根っこの日も選択肢に入るでしょう。

***15 ビオディナミ** フランス語でbiodynamieと表記される。生体力学農法ともいわれ、月をはじめとする天体の動きやエネルギーを中心に考える農法のこと。ドイツの思想家ルドルフ・シュタイナーが提唱した。

この果実の日などに作業をすることで、実際に違いが出るのかどうか？　私は検証をするために、同じワインを別の日に瓶詰めをしたことがありますが、明らかに味は違います。ただ、それが天体の動きがそのまま反映されたからかどうかは、実証できません。ワインの味わいは動き続けますし、私たちの身体も変化し続けます。最終判断をするのは自分自身の味覚であり、脳になりますが、体調によりそれらのパラメーターが変化することに異論を唱える人はいないでしょう。微妙なものなのです。

ワインをよく知らない人や一部の科学者は、葡萄やワインをすべて分析して数値として記録すれば、最高のワインを客観的に評価することができるし、またつくることができるといいます。私は古い人間なのかもしれませんが、それはかなり難しいと思っています。微生物が単体であれば管理や分析も行いやすいでしょうが、葡萄ジュースごとに微生物の環境は違いますし、ものすごくたくさんの微生物群がどのように作用し、その結果どのような味わいを構成しているのかを管理・分析するのは至難の業です。再現することもまずできないでしょう。

味わいの分析にも同じことがいえます。香りの一つひとつの分子はわかってきていますし、それがどのような濃度で感じることができるかも測れます。ただ、それがほかの分子同士との作用となってくると、話は途端に難しくなってきます。ましてや、それを品質というひとつの軸の上に並べようとすると、さらに難しくなるのです。

瓶詰めの話に戻りましょう。私のところでは行いませんが、一般的には瓶詰めのときに、亜硫酸の量を最終調整し、フィルターなどの清澄作業、滅菌作業を行います。瓶の中でワインが動かないようにするためですね。ですがこれらの作業を行えば、ワインはさらに疲れる、つまり香りがない状態になります。

さらに、瓶詰め時期を決める大事な要素に販売時期があります。「このワインはこの時期に販売したいから、逆算してこの時期に瓶詰めしよう」という金銭的な軸です。

私のところでは、ワインの品質以外の要素にもうひとつ、樽という要素があります。私のところにある樽たちは、自分がフランスで使っていたもので、使い始めて二十年ぐらい経っています。これらの樽をなるべく空にしたくないのです。ワインの熟成期間が十二か月とか二十四か月になっているのを多く目にするのは、樽を空にしたくないのでこのサイクルになっている、ということもあります。樽は木でできていますから、空にすると木は乾燥し、収縮していきます。樽を洗浄しても、木の表面しか洗えませんから、酢酸菌を増やさないように定期的な滅菌作業が必要になります。具体的には硫黄を燃やし燻蒸します。私は亜硫酸無添加でワインをつくっていますから、なるべくこの作業をしたくないのです。そのために、樽を空けたら、洗ってすぐにワインを樽に入れます。樽は常にワインに満たされていれば劣化しません。岡山に来てからは、キュベ数[*16]が多く、生産量が少ないため、樽一、二個が空になることがあります。そのときはしかたなく洗浄後に滅菌しますが、ワインを入れる前に洗浄し、樽を水で満たして、きれいにしてからワインを入れています。

***16 キュベ数** ワインの種類のこと。

コルクは生産者のいちばんの悩みの種

コルクの目的は、瓶に詰めたワインに栓をすることです。このコルクの選択は、生産者にとっていちばんの悩みの種です。そもそもなぜ悩むのか？　それは、天然コルクを使うとどうしても「コルク臭」(ブッショネ)が出るという問題から来ています。コルク臭とは、コルク内のTCA(トリクロロアニソール)という物質が主な原因となって、ワインからかび臭い香りがすることです。ほかの香りが感じられなくなるために、かびの匂いだけが感じられるという説もあります。コルク臭がするワインの割合は、昔は五パーセントといわれていましたが、いまは二パーセントぐらいに下がっていると思います。高級なコルクになればなるほど、そのリスクは下がるのですが、ゼロになることはありません。

子どもの生まれ年のワインを購入し、めでたく二十歳になったので一緒に飲もうとしたらブッショネだったなど、笑える話ではありません。葡萄畑で一年間仕事をして、醸造、熟成を経て、瓶詰めまですべてうまくいったのに、最後のコルクですべてが台無しになってしまうのです。「明らかにブッショネ」というレベルの香りでしたら、コルクが原因とはっきりわかるのでまだいいのですが、「そこまで断言できないけれど、若干ブッショネっぽい」というワインは結構あります。すでに前に飲んだことがあれば比較ができるので交換してもらったりできますけど、初めて飲んだワインだったら「コルクかもしれないし、もともとそういうワインなのかもしれない」と、ワインの質自体に問題があるとされてしまうのです。それは生産者にとってとても悲しい状況です。

実は多彩なコルクの種類

天然のコルクは、ポルトガル産が多いです。コルクの木の皮を剥いで乾燥させて消毒してから、コルクの形に抜いていきます。コルクをじっくり見ると線が入っていて、これで年輪がわかります。この年輪の幅が狭ければ狭いほど、高級なコルクになります。ワインの愛好家はコルクの香りをかいだり、じっくり見たりしますが、年輪を数えていることが多いです。また長いコルクであればあるほど、長期保存に向いた高級コルクといえます。そこまでの厚さになるまでに長い年月がかかっていて、密度が高いからです。

このコルクの消毒をする際、以前は塩素系の薬剤を使用していたのですが、それがTCAの主な原因となっていました。現在の洗浄方法は、蒸気だったり、液化二酸化炭素だったり、電子レンジのようにマイクロ波だったりします。TCAの原因をつくらないようにするためです。これらの処理をする都合上、コルクの栓丸ごとでの処理は難しいため、細かく破砕して処理をします。そのため天然のコルクでも、細かくして処理してから圧縮する、というコルクも現在では増えてきています。最初のころは見た目が悪かったのですが、最近ではかなりきれいになってきています。

コルクを購入する際に、生産者の間でよくいわれる話があります。コルクの納入業者を四、五年サイクルで変えるのがいい、ということです。納入業者の営業の人は自分のコルクを使ってほしいので、初年度はとてもよいコルクを持ってきます。それで満足して使い続けると、同じクラスのコルクを購入していても、だんだんと質が下がってくるのです。液漏れやブッショネの確率が上がってきてしまうのですが、なかなか見た目ではわからないので、瓶詰め後に気づくことになるのです。それで、数年経った後に業者を変えることになるのです。

私のところでは、最初から合成コルクを使っています。天然のコルクではなくてプラスチックなどで化学的につくったものです。「自然派ワインをつくっているのにコルクは合成？」と最初はよく質問されました。もちろん天然のコルクがいいに決まっているのですが、どうしてもブッショネのリスクがある以上、使えなかったのです。私はおいしいワインをつくるために厳しい畑仕事だったり、亜硫酸を入れなかったりという選択肢をとっているので、コルクを選択するときも、「おいしくなるもの」という選択肢をとりました。もしワインがおいしくなければ、それはコルクではなくて、つくり手のせいだと責任の所在もわかりやすいですし。合成コルクの利点は、コルク臭がないことと、コルクの質が一定であることです。どうしても天然のコルクにはばらつきがあります。また最近の合成コルクは、サトウキビが原料になっているシリーズが出るなど、進化し続けています。

生産の現場からいうと、合成コルクにはもうひとつアドバンテージがあります。天然コルクで瓶詰めするときは、瓶詰め後一、二日は立てて保存します。瓶詰め時に圧縮されたコルクがもとに戻る時間をきっちりとらずに横にすると、ワインが漏れ出す、もしくはコルクの途中までワインが入るリスクがあるのです。合成コルクですと、すぐに横にしてもコルクの大きさはすでに戻っていますので、作業効率が高まります。

「合成コルクだとコルクが酸素を通さず、ワインが呼吸しないんじゃないか?」と聞かれますが、そんなことはありません。いまではコルクの酸素透過率も、自分のワインのスタイルに合ったものが選べるようになっています。またコルクで栓をしたとしても、コルクと瓶の接触面からの酸素透過率のほうが、コルク本体が酸素を通す量よりも多いのです。そもそも、「瓶の中でワインが酸素を必要としているのか?」という根本的な問題もあります。シャンパーニュなどはデゴルジュモン[*17]する前の長い間、王冠を閉められて酸素透過率ゼロの状態で熟成していますし、スクリューキャップのワインでも熟成します。液面と栓の間にあるヘッドスペースの酸素の量だけで十分なのです。

瓶詰め時には、ワインが劣化しないように亜硫酸の量を調整するのが一般的ですが、

＊17 デゴルジュモン 発泡酒の瓶の中にある澱を取り除く作業。フランス・シャンパーニュ地方では、瓶を逆さまにし、集まった澱を凍らせて抜栓し、澱だけを飛ばす作業が行われる。

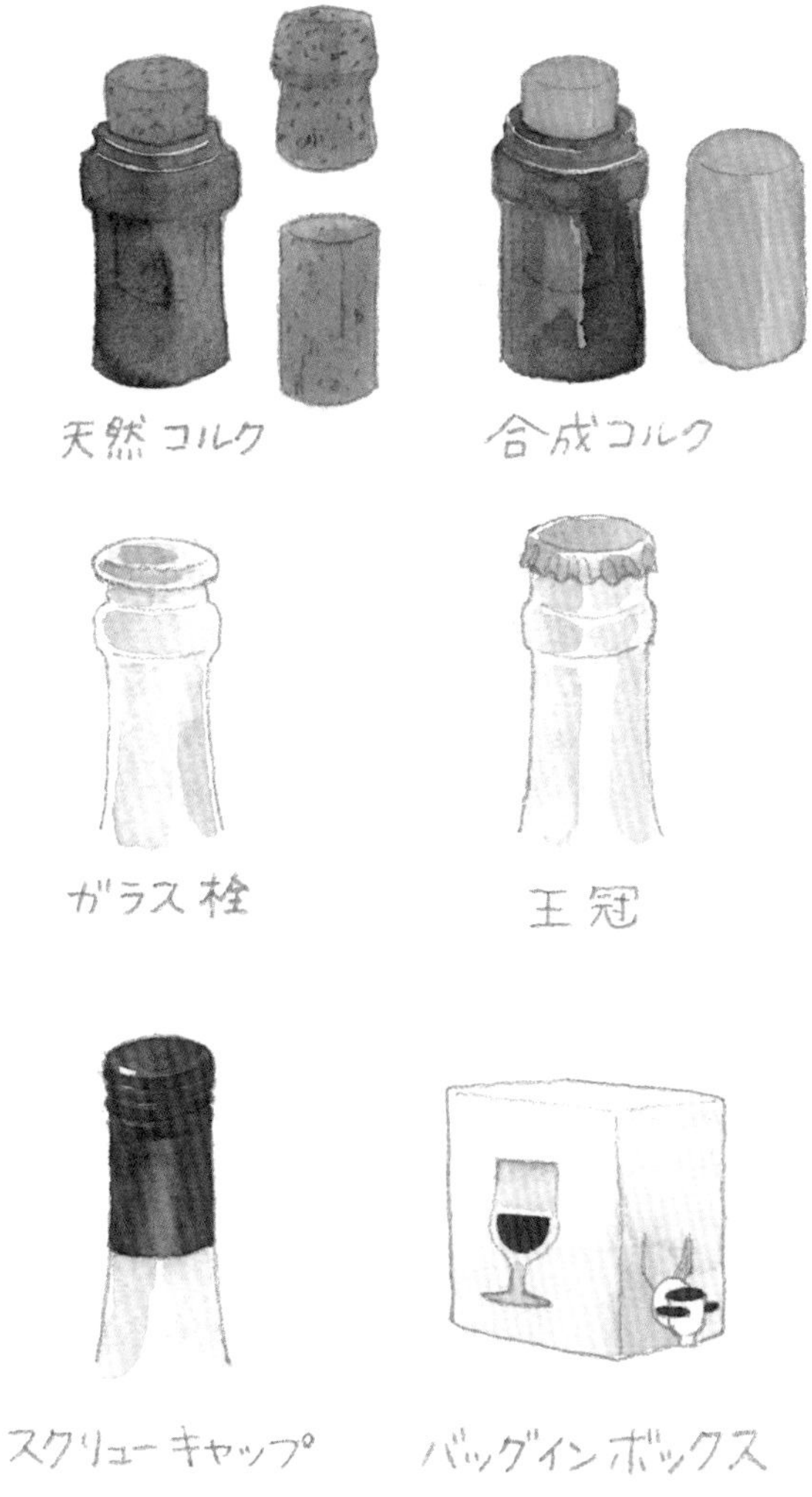

このようなワインですと、スクリューキャップで完全密閉状態にするとワインが還元状態になることもあります。

栓の種類には、先ほど触れたスクリューキャップもだんだん増えてきています。ワインオープナーが必要なく、気軽に開けられるのが特徴ですが、その気軽なイメージが強いので、高級ワインに使われることはまだ少ないです。

ほかには、ガラス栓などもあります。瓶がガラスなので、栓もガラスにすればいちばんニュートラルだという考えです。この場合はガラス栓がきっちり入る専用の瓶が必要になります。またガラス栓にはパッキンが入っています。それがないと密閉できないので。見た目もすてきだと思いますが、これを採用するとなると瓶詰めのラインを変更することになるので、ある程度の本数と前の機械の減価償却が終わっている必要があるでしょう（夢のない話になってしまいました）。

ほかには、バッグ・イン・ボックス（BAG IN BOX）というアルミのパックや、ペットボトルなども誕生しています。どちらも早飲みタイプのワインに限定されています。

ワインは世界中に輸出されるので、輸送時における二酸化炭素排出量も視野に入れていく必要があります。ワインは六次産業ですので、環境面とも直結しています。今後もさまざまな進化を続けていくことでしょう。

私は岡山でワインをつくり始めてから、すべてのワインでシャンパーニュ用の重い耐圧瓶を使っています。日本は地震大国ですので、なるべく割れにくい瓶を選びました。二酸化炭素排出量が少なくても、割れてしまっては何の意味もないと思ったからです。

栓の話からずれてしまいましたが、合成コルクに満足しているわけではありません。今後、自然のものでブッショネなどのリスクがゼロで、きれいなコルク栓ができれば、それを採用していきたいと思います。

最後になりますが、コルク臭の原因がコルクでない場合もあることを追記しておきます。醸造場にある木のパレットやワインラック、屋根の梁など、ワインが置かれている環境が汚染されているということもあります。このような環境下でワインをつくると、残念ながらワイン自体が汚染されて、すべての瓶を開けてもブッショネ、という事態になります。悲しい話ですが、たまに耳にします。こうなってしまったら原因を特定させて、それを除去するしかありません。

左・「神楽月」には王冠を打栓した。打栓機も手動なので、一つひとつ打っている。発泡性のないワインには、ブッショネが起きない合成コルクも使っている。

最も重要なスキルはテイスティング能力

醸造家にいちばん必要なスキルは、テイスティング能力でしょう。おいしいものがわからなければ、おいしいものはつくれない。当たり前のことなのですが、フランスに行っていちばん驚いたことは、プロなのにこの能力のない人がどれだけいるか、ということです。そしてその人たちがワインをつくっている。そういう人はワインに興味がないのに、家業だからということで習慣で仕事をしていて、コンサルタントに言われるがままにワインをつくっている。興味がないので、ほかのワインも知らないし。

もちろん、ものすごくテイスティング能力が高い人たちもいます。ブラインド・テイスティングでほとんど当ててしまうような人たちが。ワインを分析して、確実に記憶していく。これには集中力が問われます（私はアルコールによって脳細胞が破壊されているのか、記憶力の衰えを感じますが……)。

一般的なテイスティングは、ワインを飲んだことのない人が、コメントを読むことにより、ワインの味わいが想像できるようにできています。新たな言語を学ぶことに似ていて、「この香りがしたら、このように表現しましょう」という表現の方法を学んでいきます。人それぞれ感覚は違うのですが、それをお互いがわかるように統一していくのですね。ワインのプロになるなら必要な作業ですけれど、個人で楽しむにはまったく必要ありません。自分で感じたことは、ほかのみんなが否定しようと絶対に正しいですから。自分の感覚に素直でいいのです。ワイン業界は、「これが偉大なワインだ」とプレッシャーをかけてきます。マーケティングで消費者をわかりやすく誘導するのです。それに乗っていくのもワインの楽しみ方でもありますし、否定はしません。それもひとつの嗜好ですから。

テイスティング・コメントはなるべく概要をとらえる必要があります。例えば、私の容姿を知らない人と待ち合わせをしたとします。私のことがわかるように説明すると、背が高く、がっちりしていて、でかい印象、などと大ざっぱに表現します。鼻の横にホクロがあるなど細かいことは最後の最後に表します。ワインの香りで例えますと、「香りの量が多い」「果実味が主体」などと大きく表現していきます。そして、果実味だったら「何色の果実か?」を表現します。黒い果実といったら、よく熟した甘い感じが想像できますし、赤い果実といえば、少し酸味がある爽やかな果実を想像できます。そして、もっと具体的にしていくならば、その果実の名前を表現します。カシスとかサクランボとかですね。ワインはフランスを中心に発達したので、フランスにある果実、スパイスなどが表現の中心になります。私はフランスでの学生時代、スーパーの果物売り場に行っては果物の匂いを一つひとつかいでいく、という怪しい東洋人でした。いまでもそれが癖になってしまって、食事のときでも、つい匂いをかいでしまって妻に注意されます。いつのまにか子どもも真似してしまって、申し訳ないです。

日本人にはなじみの薄い香りの表現もあります。濡れた犬とか馬とか、馬小屋だとか、甘草《かんぞう》とか。これは異国の文化だからと諦めて、それに合わせましょう。

醸造家のテイスティング

テイスティングの目的がわかったと思いますので、そのやり方を具体的に説明していきましょう。

まずは、色を見ます。色の種類はルビー、ガーネットなど宝石に例えることが多いです。色の濃さでワインの濃さもある程度は想像できます。そしてワインの縁の色を見ると、そのワインの熟成度がわかります。ワインは農産物ですので、時間が経つと土に近づいていくのです。赤ワインも白ワインも、本来の色から土の色に近づいていくのですね。おもしろいものです。

左頁・プレス機の前に新酒を置いて。グラスのワインは澄んでいるが、瓶の中では澱が舞い上がって不透明になっている。プレス機には、製造地であるアンボワーズというロワール地方の地名が刻まれている。

PRESSOIRS MABILLE
AMBOISE FRANCE

色を見るときに、ワインの清澄度も見ます。フィルターをかけたか、またどのようなフィルターをかけたかなどがわかります。濁っていたら、瓶の中でワインが再発酵したのではないか？　なども気にかけます。

次に香りをかぎます。香りの量、種類などを挙げていき、次にグラスを回してまた香りをかぎます。このときに香りが変化するようであれば、今後ワインがどのように変化していくかを想像する手掛かりになります。ここでも同様にコメントを書いていきます。

ここでやっと口に含みます。口に入れる量も毎回同じ量を含むように気をつけてください。それによって味わいも変化しますので。私が習った時代は、舌の場所によって感覚が違うので、ワインを口の中に通す場所まで同じようになるように意識しましたが、最近の論文で「そんな舌の地図はない」という説を読んで、ショックを受けています。どちらが正しいかは私にはわかりませんが、同じ分量を口に含むという方法はおすすめします。

口に含んだら、最初、中間、後味と三分割して表現をします。口に入ってから、どのように変化して、消えていくか、ですね。ワインのボリューム、酸などのバランス、タンニンの質、量などを評価します。そしてワインを含んだ状態で口から息を吸い込み、鼻に戻ってくる香りも評価します。ワインの将来の姿が、これらの変化によって予想できます。

右頁・プレスしたばかりのジュースをテイスティングする。アルコール発酵すると、このジュースの味から甘みを引いた味になる。それを想像しながらテイスティングしている。

そして、最後に総評をしたらテイスティングも終わりです。ここまでが一般的な試飲ですが、醸造家としての試飲にはこれに加えて、「ワインが健全かどうか」の判断が必要です。つまり、欠点を見つけられないといけません。

ワインの欠点として代表的なものは、揮発酸（お酢）、アセタードデチル（セメダイン臭）、TCA（コルク臭）、ブレタノミセス（馬小屋の香り）などなど、たくさんあります。これらの香りをしっかり探せることが必要です。瓶詰め後のワインですと、もう何もできることはありませんが、醸造途中でしたらいくつかの対処法が有効かもしれません。

学校では次のようにして訓練をしました。問題の分子が入っている水溶液を、三つのグラスから当てていきます。ひとつだけに入っているとは限らず、ふたつに入っているパターンもあります。水溶液で慣れてきたら実際にワインに混ぜて、同じことをします。このようにして少しずつ訓練をしていきました。

基本的な味覚も訓練します。ワインに砂糖を加えて甘い順に並べるとか、酸を足して酸が高い順に並べるとか、やり方はさまざまです。テイスティングの授業は、感覚が鋭い昼食前の時間に行われました。

そういえば、こんなことがありました。フランスで一般的に売られているテーブルワインで、瓶に星マークがついている一リットルのワインがあります。これが配られて、各自テイスティング・コメントとワインの点数をつけました。安いワインですが、ワインのバランスはとてもよくて、私は二十点満点中、十二点をつけました。次の週、ラトゥールの瓶が回ってきました。さすがボルドー大学醸造学部、と喜んで試飲しましたが、明らかにラトゥールではないのです。テイスティング・コメントを書いて点数も十三点とつけました。コメントを提出した後に種明かしがありました。なんと、中身は先週飲んだテーブルワインだったのです。ラベルにつられて一点上がってしまいました。情けないものです。

いろいろな情報が統合されて、私たちの判断となっています。わかりやすい例ですと、同じ香りをかいでも、それが赤ワインなら赤い果実を想像しますし、白ワインなら黄色い花や果実を想像したりするのです。真っ黒なワイングラスというものをご存じかもしれませんが、そこにワインを入れると、赤ワインか白ワインかを判別するのはプロでも意外に難しいものです。

いろいろと述べてきましたが、プロでなければ、「ワインが好きか嫌いか？」それだけでよいと思っています。ワインは楽しむための嗜好品ですので、難しいことは考えずに身体で感じてください。「Don't think, feel !」(考えるな、感じろ！) それが本質です。自然派だと、「Don't think, drink !」(考えるな、飲め！) と遊び心がつきます。

醸造家の晩酌

うちのワインが好きな方から頻繁にいただく質問があります。

「家でも毎晩ワインを飲んでいるんでしょう？」

イメージというのは恐ろしいもので、私の場合は毎食フレンチでワインを飲んでいると思われています。うちの妻がつくってくれるフレンチはとてもおいしいですが、もう五十歳が見えてきた年齢で、毎晩フレンチは食べられません。和食など、一般的にオジサンが好むようなものが好きです（豆腐が大好きです）。そして毎晩ワインは飲んでいません。ビールを少し飲みますが、それでも毎日は飲みません。友人やお客様と一緒のときはワインを飲みますが、それ以外のときは禁酒、節酒をしています。これには理由があるのです。

私がボルドー大学に入って、最初に研修した先はソーテルヌのシャトーでした（正確にはバルサックという村です）。ここは貴腐ワインの産地でして、有名どころだとシャトー・ディケム（Chateau d'Yquem）というフランス五大白ワインのひとつに数えられるシャトーがあります。

「貴腐ワイン」というのを簡単に説明しましょう。まず白葡萄の収穫を遅らせて、葡萄に灰色かび病がつくのを待ちます。この地方は川が近く、日中の寒暖差によって、朝に霧がたち込めます。早朝にこの辺りを車で走っていると、川から霧が出ているのがわかります。霧がたち込めると湿度が上がり、かびが生えるのに好条件となります。午後になると霧が晴れて、お日様が出てきます。かびにやられた葡萄は果皮に穴が開いているような状態なので、日光にさらされると、水分が蒸発していきます。干し葡萄に近づいていき、とても甘いジュースがとれるのです。

かびに覆われた部分だけを収穫するので、畑の中を何回にもわたって収穫していくことになります。収穫期間も三か月ぐらいに及び、忙しい時期が長期に及ぶので働いているほうも大変です。

糖度が高い葡萄ジュースは発酵条件がよくないので、発酵はするのですが、途中で止まってしまいます。そして多くの糖分が残った甘いワインになります。糖度が高すぎると発酵しないのです。ジャムがそのよい例かと思います。

話はそれましたが、そのシャトーのオーナーは大きなネゴシアン（流通会社）も持っている貴族のようなおじいちゃんで、醸造場の隣の立派なお屋敷に住んでいました。週に一回ワイン・コンサルタントが来て、分析結果を確認したりワインの試飲をしたりして指示を出していくのですが、そのときにオーナーもたまに同席していました。でもほとんど試飲はしないのです。たまに飲んでいるときもありましたが、奥さんや息子さんに止められていました。後から聞いたのですが、糖尿病を患っていたそうです。「なるほど、こんなに甘いワインをずーっと飲み続けていたら、病気にもなるよな」と納得したと同時に、「ワインが飲めなくなったら仕事ができなくなる！」ということを教えていただきました。

そのため、私は平均して週に二日ぐらいはアルコールを摂取しない日をつくっています。またワインを飲むとしても、なるべく同量ぐらいの水を飲んでいます。外での食事だとお水を頼みづらいこともあり、そんなときは少し酔いが回ることもあります。

ここでの研修時代の話として、ワインとはまったく関係ないのですが、印象的だった経験があります。ジョン・マルクという醸造長とずーっと一緒に仕事をしていました。四十歳代の恰幅のよい気さくなフランス人で、東洋から来たフランス語の拙い若者を好意的に受け入れてくれました。彼はずーっとワイン関係で働いていましたが、働きながら醸造・栽培の学校に通い、私の研修の前年にディプロム（卒業証書）を取得し、醸造長として働き始めたようでした。ですから経験は長いのですが、「労働者」という扱いを受けているのを感じました。ワイン・コンサルタントはボルドー大学卒の同じく四十歳代ぐらいでしょうか。そしてオーナーは貴族と、フランスの格差社会というのを目の当たりにしました。出身、学歴などは日本より明確な差があると思います（だからといって、労働者が幸せじゃないという意味ではありません。フランスでは普通の労働者でも週三十五時間労働、有休一か月と、楽しそうに暮らしています）。

お昼はジョン・マルクと一緒に食べていました。私は家からツナの缶詰とコーンの缶詰を持参し、バゲットの間に挟んで食べることが多かったです。ある日、私は缶切りを忘れてしまいました。困ったな、とバゲットだけ食べていたところ、ジョン・マルクが腰に下げているナイフを取り出して、いきなり缶に突き刺し、ザクザク切り始めました。びっくりしている間に、あっという間に開けてくれて、ほら、と渡してくれました。ジョン・マルクの世代はまだ徴兵制度が残っていて、「兵役のときに教えてもらった」と言っていました。ビールも栓抜きがなかったらライターを使って開けるなど、男が好きそうな豪快な技を教えてもらいました。これらの技は使うことがほぼないですが、意外と実践している技もあります。手でくるみが割れます。くるみをふたつ握って、ひとつを割ることができます。便利ですし、驚かれます。チンパンジー並みの握力があると思われますが、コツさえつかめば誰でもできます。

そんなジョン・マルクがコーンの缶を開けてくれて、笑顔で渡してくれたのですが、そのときに言われた一言をいまでも覚えています。「トウモロコシなんて人間が食べるものではなくて、家畜の餌だ」

たしかに、フランスのスーパーの野菜売り場に行ってもトウモロコシは売っていません。車で郊外を走っていれば、見渡す限りのトウモロコシ！　という風景はよくあるのに。不思議です。しょうゆをつけて香ばしく焼いたトウモロコシなどは最高においしいのに、もったいない……。

全然関係ない話になってしまったので、表題に戻ります。

私は違いますが、自分のワインをひたすら飲み続ける醸造家もいます。外食することになると取引先のレストランに行って、自分のワインを頼む。ワインの品質をチェックすることが目的かというと、そんなことはありません。習慣なのでしょうね。

私は外に食事に行ったら、自分のワインを頼むことはまずありません。おいしいワインはたくさんあり、どんなに飲んでも飲みきれませんし、違うところで仲間がどのようなおいしいワインをつくっているのか、とても興味があります。もともとワインが好きなので、いろんなワインを飲みたいです。最初の一杯だけは真剣に飲みますが、それ以降は気軽に楽しみます。

自分が亜硫酸の入っていないワインをつくっているせいで、亜硫酸が少し入っていると、ワインが固く感じられてしまって、飲めない身体になってしまいました。そんなことをご存じない方からワインを勧められて、困りながらも笑顔で飲む、という状況もたまにあります。なかなかグラスが空にならないので、つらいです。ワインリストを見て、飲めるワインがないときはビールを飲んでいることが多いです。

おいしい料理と飲めるワインがあるお店に行こうとすると、自然派ワインに特化したお店が多く、お店の人が私を知っていることもよくあります。私は人前に出るのがあまり得意ではないので、ひっそりと食事をしたいのですが、「大岡が来た！」とお店に緊張感が走り、大変恐縮するということがよくあります。そのような状況は避けたいのですが、おいしいものを食べて飲みたいという気持ちも強く、ちょっとしたジレンマになっています。とてもありがたいことではあるんですけど。大岡が店に来ても危害を加えることはありませんので、放し飼いでお願いいたします。

おわりに――日本ワインのこれから

ワイナリー経営の厳しさ

私が岡山でワイナリーを起こしてから、五年目に入りました。その間、多くの方からワインづくりを目指したいという相談を受けました。

相談に来られた方々には、さまざまなケースがあります。そろそろ定年が見えてきて、第二の人生としてワインづくりにチャレンジしてみたい方。岡山に移住して農業をしつつ、ワインづくりを目指している若者（有機農業をしている方が多いです）。子どもたちに農業の大切さを教えたいという団体。地域貢献の一環として地域密着型の新しいビジネスをしたい企業、などなどです。

相談を受けた場合には丁寧に、かつ正直に現状をお答えしています。ワイナリーはメディアに取り上げていただくことが多いです。フランスにはきれいなシャトーがたくさんありますし、主な購買層が富裕層だったりするので、「ワイナリーはもうかっている」と考えている方が大多数です。ですが、現実は全然違います。フランスでもワインづくりを諦める小規模なつくり手はたくさんいますし、日本ではもっと厳しい状況なのです。酒屋に三千円のワインが並んでいるとしましょう。ワイナリーの卸値はおそらく二千円弱、年間一万本のワイン生産量があったとすると、一年の売り上げは二千万円弱です。その中から、畑への投資（一ヘクタール当たり約二千万円）、醸造場の投資（約五千万円）、一年間の作業代、醸造場の維持費、そのほかさまざまな経費を支払わなくてはいけません。葡萄《ぶどう》は植えてから収穫まで四年かかりますので、かなり厳しいというのがおわかりいただけると思います。昔から代々続いているつくり手の場合は、初期投資がとうの昔に回収できているので楽になりますが。

お金持ちの趣味として始められる余裕があればいいですが、そうでない場合は「ワイナリーとして経営して、将来どのぐらいの収入が必要でしょうか？」と質問をしています。私がフランスでワインづくりを始めたときはとても食べていけなかったので、師匠のワイナリーで働きながら、週末は自分のところで働いていました。そして少しずつ投資をしてワインをつくって、少しずつ師匠のところで働く時間を減らしていきました。完全に独立できるまで四年かかりました。独立後もサランラップを洗って使い回したり、主食はジャガイモだったり、というような生活をしていましたが……。

ところが日本では、私がフランスでしたように、小さく始めて少しずつ大きくする、ということができません。週末に作業できる広さとして葡萄畑を二反（約〇・二ヘクタール）植えて、そこからできる葡萄をワインにして、少しずつ広げていく、ということができないのです。これにはふたつの障壁があります。

まず、その広さでは農地が借りられません。農地法に下限面積要件というのがあります。耕作を目的として農地の権利を取得する場合には、農地法第三条に基づく許可が必要であり、この許可の要件のひとつとして下限面積要件（農地の取得後の経営面積が、原則として都府県五十アール、北海道二ヘクタール以上必要）があります。特例があるので各自治体によって広さはもう少し狭まるのですが、岡山市のケースですと、二反では下限面積要件を満たせません。

また、仮に自分がもともと所有していた土地があって、葡萄が栽培できたとしても、収穫した葡萄をワインにするには酒類製造免許が必要になり、その取得には年間最低六千リットルは醸造することが義務付けられています（ワイン特区になれば二千リットルに下がります）。

このふたつの制限により、少しずつ始めることができず、ワインづくりをしたことのない人が、いきなり八千本のワインを仕込んで販売していかなくてはいけないのです。先に話した初期投資も含めて、リスクはとても高くなります。

他方、私の住んでいる地域を見渡せば、耕作放棄地は増え続け、これからさらにその速度が増すことがわかっています。農業人口の減少が叫ばれる中、農業をやりたい人がいて、使ってほしい空いた土地もあるのに、なんてもったいないと残念に思っていました。

おかやま葡萄酒園、始めました

この状況を解決するために、二〇二一年一月に、一般社団法人おかやま葡萄酒園(以下、葡萄酒園)を仲間とともに立ち上げました。ちょっと長いですが、定款に書かれた目的を抜粋します。

「この法人は、地域住民などにぶどう栽培やぶどう酒づくりなどを体験してもらうことを通じて、農業の楽しみを見出すきっかけづくりを行い、もってより多くの人たちの『楽しみ』や『喜び』を創造し、地域活性化に貢献することを目的とする」

目的がわかったところで、実際に何をするかを説明していきましょう。まず、葡萄酒園が耕作放棄地や農地を借ります。そして葡萄酒園の会員の方に区画を割り当てて、葡萄栽培をしてもらいます。技術的なサポートは育種の項(一四三頁参照)でお話しした林ぶどう研究所の林慎悟さんがしてくださいます。週末しか作業できないという方は、平日は葡萄酒園のスタッフが代行で作業することも可能です。そして葡萄が収穫できるようになれば、葡萄酒園の共同醸造場に持っていってワインをつくります。ワインづくりの技術的サポートは私が行います。ある程度の量の葡萄が収穫できたら、自分だけのワインが仕込めるようになります。会員は葡萄の手入れ代と醸造代を葡萄酒園に支払いますが、本当の意味での自分だけのオリジナルワインがつくれるのです。

一反ほどの葡萄畑を作業して年間四百本ぐらいのワインがつくれれば、毎晩自分のワインを飲むことができます。酒類の小売業免許を取得すればオリジナルワインを販売することもできるので、これからワイナリーを起こそうと考えている方も、少しずつ販売網をつくることができます。

第二の人生の楽しみや、これからワイナリーを起こしたい方、既存の葡萄農家でワインづくりに興味がある方、岡山に移住する前に地域に溶け込みたい方、福祉施設の方や、オリジナルワインをつくりたい酒屋や飲食店の方、地域貢献活動としてワインをつくりたい企業など、さまざまな方たちの〝楽しみ〟の場となります。

私が住んでいる地域は岡山市の中心から車で二十分ほどのところにあります。街に住みながら、仕事の前や週末に農作業ができる理想的な環境です。葡萄栽培に向いた温暖な乾燥した気候が岡山にはあるので、もっともっと多くの人がその恩恵にあずかってほしいと思います。

実際に土に触れて作業をすることで、さまざまな気づきがあることと思います。それが環境への意識の高まりとなり、地球に生きる一員としての自覚を持ち、次の世代によりよい世界を構築するエネルギーとなるように願っています。

さらなる将来の夢として、葡萄酒園は葡萄栽培だけでなく、野菜や果樹、牧畜へと活動の輪を広げて、農業に必要な資材をその輪の中ですべて循環できるようなコミュニティを構築していきたいです。かつては、村単位で自給自足をして、すべてを循環させていましたが、私たちがその生活に戻れるとは思っていませんが、各自分業した中で、大きな輪の中で循環させることは可能だと思います。

二〇二一年にまずその一歩を踏み出しました。ワインづくりにちょっと興味があるという方はぜひ参加してみてください。自然が相手ですから、自分の思いどおりにはいかず、喜怒哀楽いろいろありますが、それでも楽しいです。遠くて参加できないという方はぜひワインを飲んでみてください。その一杯が日本の耕作放棄地再生につながっていると思えば、より一層おいしく感じていただけると思います。

実は、現在、私が岡山でしていることが、これからの農業のひとつの形であり、地方創生そのものだと考えています。

露地で有機栽培できる新品種の開発をしていること。手間のかからない栽培方法を開発したこと。ガラス温室・古民家・米倉庫・ホーロータンク・牛乳タンクなどなど、いまある資源を有効活用したこと。殺菌をしない醸造方法で、生物多様性（特に微生物）を維持していること。

日本独自の葡萄品種を使って、農業を守り、地域を発展させ、つくり手も飲み手もみんな幸せになれたら……。これからの「真の国産ワイン」をみんなでつくっていきましょう。

謝辞

縁もゆかりもない土地に移住し、葡萄を植えてワインをつくり始めることができたのは、数えきれないぐらいたくさんの方々のご支援、ご協力とご指導のおかげでした。本当にありがとうございます。文字数に限りがあり、残念ながら一人ひとりのお名前を挙げることができず申し訳ございません。

フランス時代にもたくさんの方々にお世話になりました。ただただワインが好きだっただけの日本人を、こうしてワインがつくれるように育ててくれました。しかも、失われつつあった伝統的手法を伝授してくれました。ありがとうございます。

私たちのフランス時代のワイン、岡山のワインをご愛飲くださっているみなさまにお礼を申し上げます。みなさまの応援のおかげで、自然派ワインの世界はここまで大きくなりました。そして葡萄畑もきれいになり、地球に優しくなりました。ありがとうございます。